Star Names : Their folklore and Meaning

星に名前をつけるなら

著 **出雲晶子**　絵 **フタツキ**

本書を発行するにあたって、内容に誤りのないようできる限りの注意を払いましたが、本書の内容を適用した結果生じたこと、また、適用できなかった結果について、著者、出版社とも一切の責任を負いませんのでご了承ください。

　本書は、「著作権法」によって、著作権等の権利が保護されている著作物です。本書の複製権・翻訳権・上映権・譲渡権・公衆送信権（送信可能化権を含む）は著作権者が保有しています。本書の全部または一部につき、無断で転載、複写複製、電子的装置への入力等をされると、著作権等の権利侵害となる場合があります。また、代行業者等の第三者によるスキャンやデジタル化は、たとえ個人や家庭内での利用であっても著作権法上認められておりませんので、ご注意ください。

　本書の無断複写は、著作権法上の制限事項を除き、禁じられています。本書の複写複製を希望される場合は、そのつど事前に下記へ連絡して許諾を得てください。

出版者著作権管理機構
（電話 03-5244-5088，FAX 03-5244-5089，e-mail：info@jcopy.or.jp）

JCOPY ＜出版者著作権管理機構　委託出版物＞

はじめに

「星の名前」をテーマにした本は、偉大な先輩方による重宝な著書がすでに複数発行されていて、自分的にはそれを拝読して満足していました。そこへ「星名にまつわる話で、他書とは違うことを書いてほしい」と依頼されたので、とても悩みました。星名の由来については、各星について1つしかないわけで、違う話は書けません。では、どういう点で他にない話を書けばいいのか？　各種資料と向き合いつつ、何とかいくつかのアイデアを捻りだしました。

1つ目は、**星座の故郷**である**古代メソポタミアにおける星の呼び名**の紹介です。メソポタミアでの星名が同定されていない星も多いので、一部だけの掲載になりましたが[1]、後のギリシャやアラビアでの呼び名と比べてみると面白いと思います。

2つ目は、星の名前の原点＝プトレマイオス著『**アルマゲスト**』の星名と、そのアラビア語版であり、現在の星名の元ネタ本ともいえるアッ・スーフィ著『**星座の書**』の星名の**比較**です。翻訳を重ねてアラビアにまで伝わった『アルマゲスト』ですから、伝言ゲームのように誤訳・珍訳が多いだろう

---

[1] Hermann Hunger, David Pingree *"Astral Science in Mesopotamia"* Brill を主に参考にしました。

と期待したのですが、意外ときっちり正確に翻訳されており、古の翻訳者の仕事ぶりに感嘆いたしました。これらは、各星名の由来のところで紹介しています❶。

　3つ目は、**アラビア独自の星座、砂漠の民に伝わる星座のお話**です。これは、近藤二郎先生が『星の名前のはじまり』(誠文堂新光社) で著されていて興味深く読んだのですが、近年さらに詳しい研究も発表されています。とても面白かったので、星名に関係しているものをとり上げました。

　また、**世界各地の星の呼び名**については、参考文献が多い中国、インドとポリネシアがメインになりました。なお、星の和名については主に、北尾浩一氏の『日本の星名事典』(原書房) を参考にしています。

　星の名前にまつわる中心的な話題は、おなじみの「**星名の由来**」についての説明になるのですが、実はこれ、星によっては「**諸説あり**」の世界なのです。本書では、最も支持されているPaul Kunitzsch, Tim Smart "*A Dictionary of Modern Star Names*" Sky Publishing Coを参考にしました。

---

❶　主に次の2冊を参考にしました。後者は『星座の書』の英訳フルテキスト付という優れモノなので、もっと調べてみたい方にはおすすめです。
・K. プトレマイオス著、藪内清訳『アルマゲスト』恒星社厚生閣
・Ihsan Hafez "*Abd al-Rahman al-Sufi and his book of the fixed stars: a journey of re-discovery*" James Cook University

なお本書の第8〜9章では、**太陽系の惑星・衛星・彗星・小惑星の名前**や、**人工天体の名前**をとり上げました。人工天体については専門分野の1つでもあったので、さほど苦労せずに書けたのですが、彗星は時代とともに名前の主流や命名方法が変わっていてややこしく、また惑星名の由来については、本書で一番苦労しました。

星の名前というのは、実は星名の成立過程がだいたい同じなので、どの星も似たような話の展開になってしまいがちです。しかし、せっかく読み始めてくださった読者が、4, 5個の星で飽きてしまったのでは申し訳が立ちません。とにかく面白く読んでほしいので、本書では星名の話題以外にも、**世界各地の星の伝説、星座絵や星図の話、歴史の話、その他さまざまな挿話**もいっしょに掲載しました。是非それらも楽しんでいただければ幸いです。

2024年8月

出雲　晶子

目次　CONTENTS

第 1 章
恒星の名づけ

恒星の固有名 2

正式な固有名を
決める試み 3

バイエル符号 5

フラムスティード番号 6

その他の恒星の命名法 7

恒星の固有名は
何語が多い? 7

アラビア語起源の
星名ができるまで 8

✦ COLUMN

『アルマゲスト』という書名　12 ／ 古代ギリシャの星名　12

第 2 章
季節によらない星座の星たち

Polaris（北極星／ポラリス）....... 16

Kochab（コカブ）.................. 23

✦ COLUMN

北極星はずっと同じ星ではない　19 ／ 北極星の3つの別名　19 ／
北極星と妙見　20 ／ 星砂の物語　21

第 3 章
春の星座の星たち

春の星空の北斗七星......... 26

Dubhe (ドゥーベ) 28

Merak (メラク) 29

Phecda (フェクダ) 30

Megrez (メグレズ) 31

Alioth (アリオト) 32

Mizar (ミザール) 32

Alkaid (アルカイド) 34

Alcor (アルコル)..................... 36

Arcturus (アルクトゥールス) 38

Alphecca (アルフェッカ) 40

Cor Caroli (コル・カロリ) 41

Spica (スピカ) 42

Regulus (レグルス) 44

Dnebola (デネボラ)............... 46

Algieba (アルギエバ) 47

Zosma (ゾスマ) 48

Acubens (アクベンス) 49

Praesepe (プレセペ) 50

Alphard (アルファード) 51

Alchiba (アルキバ)................ 52

Alkes (アルケス) 53

✦ COLUMN

北斗七星と本名星 37 ／「真珠星」という呼び名の謎 43 ／
星宿とは？ 54 ／ インドの星宿「ナクシャトラ」55 ／
アラビアの星宿 56 ／ なぜギリシャ星座しかないのか？ 57 ／
アラビア、エジプト、ミャンマーの星座 58 ／
和名で星図を作ってみると？ 59

vii

第 4 章
夏の星座の星たち

Antares (アンタレス) 62

Xamidimura & Pipirima
(ハミディムラとピピリマ) 64

Shaula & Lesath
(シャウラとレサト) 66

Zubenelgenubi
(ズベンエルゲヌビ) 67

Alnasl (アルナスル)............... 69

Nunki (ヌンキ)...................... 70

Vega (ヴェガ) 73

Sheliak (シェリアク)............... 75

Altair (アルタイル).................. 76

Deneb (デネブ)..................... 78

Albireo (アルビレオ) 79

Sualocin & Rotanev
(スアロキンとロタネブ) 81

Rasalhague (ラスアルハゲ) ... 83

Rasalgethi (ラスアルゲティ).... 84

Thuban (トゥバーン)............. 86

✦ COLUMN

南斗六星 71 ／ ある星の名前が間違って別の星に付くわけは？ 88 ／
ウナルペクサノチウ 89

第 5 章
秋の星座の星たち

Caph (カーフ)...................... 94

Alfirk (アルフィルク)............... 96

CONTENTS

Alpheratz (アルフェラッツ) 99

Almach (アルマク) 101

Mirfak (ミルファク) 105

Algol (アルゴル) 106

Markab (マルカブ) 109

Fomalhaut
(フォーマルハウト) 111

Mira (ミラ) 112

Alrescha (アルレシャ) 114

Sheratan (シェラタン) 115

Sadalmelik(サダルメリク).... 117

Dabih(ダビー) 118

✳ **COLUMN**

アンドロメダ伝説 92 ／ その他のケフェウス座の星 97 ／
アンドロメダ座はいつ誕生したのか？ 97 ／
古代エチオピア王国とはどこなのか？ 102 ／
アンドロメダ伝説が残る古代都市 103 ／ 魔除けのメデューサ 108 ／
くじら座の絵に描かれているもの 113

第 6 章
冬の星座の星たち

Pleiades
(プレアデス星団／M45) 122

Aldebaran (アルデバラン) ... 127

Capella (カペラ) 131

Betelgeuse (ベテルギウス) .. 135

Rigel (リゲル) 138

Bellatrix (ベラトリクス) 139

Saiph (サイフ) 140

Mintaka (ミンタカ) 141

Sirius (シリウス) 146

Mirzam (ミルザム) 149

Procyon (プロキオン) 151

Castor & Pollux
(カストルとポルックス) 156

ix

✦ COLUMN

タネ神とプレアデス星団 126 ／ ヒアデスと雨 129 ／
ぎょしゃ座の星座絵の変遷 133 ／ 小三つ星とオリオン大星雲 143 ／
冷たい風とチヌークの風 144 ／ ペルシャの創生神話 150
ギリシャワインの物語 154

第 7 章
南半球の星座の星たち

Canopus (カノープス)......... 160

Achernar (アケルナル)........ 163

Acrux (アクルックス)............ 165

Mimosa (ミモザ)............... 167

Rigil Kentaurus
(リギル・ケンタウルス) 169

Hadar (ハダル).................. 171

✦ COLUMN

暗黒星雲コールサック 168 ／ 大マゼラン雲・小マゼラン雲 172 ／
南極星とは? 173 ／ アルゴ座の物語 174 ／
テレとンガコーラ (みなみじゅうじ座の伝説) 178

CONTENTS

第 8 章

惑星と衛星たち

惑星の名前の由来..........182

Mercury（水星）..............185

Venus（金星）....................186

Mars（火星）......................188

Jupiter（木星）....................190

Saturn（土星）...................192

Uranus（天王星）...............194

Neptune（海王星）.............195

✦ **COLUMN**

曜日の名前のはじまり 196

第 9 章

彗星・小惑星・人工天体の名づけ

彗星の名前....................202

小惑星の名前.................206

人工天体の名前.............210

✦ **COLUMN**

人名ではない？ 最近の彗星名 205 ／ 面白い名前の小惑星 209

索引 214　　参考文献 220

xi

本書の見かた

　本書では、恒星、星団、惑星の基本情報を掲載しています。

[**恒星（または星団）**]

　スペクトル型、距離、実視等級は主に国立天文台 編『理科
年表2024』(丸善出版) に基づきます（絶対等級はこれらの
数値から計算）。ただし連星系では、合成値や平均値を掲載
している場合があります。

① **スペクトル型は恒星の色、すなわち表面温度を反映して**
　います。表面温度の高いものから順に、O, B, A, F, G, K,
　M型, さらに細かく0〜9などを付けることもあります。
　光度（光の強さ）の階級としてⅠ, Ⅱ, Ⅲなどを付けるこ
　とも多いです。

O5	B5	A5	F5	G5	K5	M5
青	青白	白	黄白	黄	橙	赤

② 地球からの距離を「光年」単位で示しています。**1光年は**
　光が1年間に進む距離で、約9兆4600億kmです。

③ 恒星の明るさは「等級」で表され、1等級違うごとに約2.5
　倍明るさが違います。たとえば、1等星は6等星の約 $(2.5^5$
　≒) 100倍の明るさです。地球から肉眼で見たときの星
　の等級を**実視等級**といいます。

④ 恒星の実際の明るさを比較するためには、恒星を等距離に置く必要があります。恒星を$10\,\mathrm{pc}$（≒32.6光年）の距離に置いて見たと仮定した等級を**絶対等級**といいます。

［惑星］

　自転周期、会合周期、赤道重力は『理科年表2024』に基づきます。また、衛星数は国立天文台ウェブサイトの「惑星の衛星数一覧」に基づきます。

① **自転周期は対恒星自転周期**、つまり背景の恒星に対して、惑星が自転軸の周りを一周するのに必要な時間です。

② 太陽から見て、ある惑星と地球が同じ方向に来たときを**会合**といいます。会合から次の会合までの時間が**会合周期**です。

③ 惑星は自転によってわずかに扁平しているので、場所によって重力が異なります。惑星の赤道重力は、**地球の赤道重力を"1"とした場合の値（倍数）**で示しています。

④ 衛星が発見・報告されても、軌道が計算・確認されるまでは確定されません。本書では、**発見・報告された衛星数**を掲載しています。

第 1 章

恒星の名づけ

　星座に名前があるように、夜空に輝く1つひとつの星（恒星）にも名前があります。それらの名前はどこで誰が付けたものなのでしょう？
　この章では、恒星の名づけの経緯や方法、恒星の名前が誕生し変化していった歴史を簡単に紹介します。

✳ 恒星の固有名

　夜空の星は大ざっぱに**恒星**と**惑星**の2種類に分けられます。自分で光を出している星が恒星で、星空に見えているのはほとんどが恒星です。太陽の光を反射して光り、火星や木星のように星座の間を少しずつ移動している星が惑星です。

　恒星は明るさで**等級**が付けられており、とても明るい21個の星が1等星、夜空の暗い場所で、肉眼で何とか見える星が6等星です。1等星から6等星までの星は**全天**（空の全体）で約8600個あるので、夜空（全天の半分）にはその半数の4300個ほどの恒星が見えていることになります。ただし、これは理想の話で、日本の街中の夜空ではその1/20くらいが見えていればよい方でしょう。

　恒星は、おおいぬ座のシリウスやおうし座のアルデバランのように、よく知られた名前が付いていますね。こういった通常使われている恒星の名前を**恒星の固有名**（proper names of stars）といいます。恒星の固有名は、ヨーロッパで長年使われてきた天文学による星名です。これは近代に西洋天文学が主流となった影響によるもので、かつてヨーロッパで広く使われたラテン語❶式の記述になっているものが多いようです。

---

❶ ラテン語は古代ローマの公用語で、ルネサンス期には知識階級の言語でした。その影響もあって、現代でも学術用語に使われ続けています。

日本語での発音も、星名のルーツにあわせて**ラテン語風に読む**ものが多くなっています。たとえばオリオン座のベテルギウスBetelgeuseは、英語読みは「ビートルジュース」ですが、その表記はあまり見かけません。固有名の日本語表記（カタカナ表記）に特に決まりはないので、多少のばらつきがあります。

✳ 正式な固有名を決める試み

　国際的な固有名は、これまで特にきちんとした定義はなかったのですが、近年、1つの星に複数の固有名が使われていて紛_{まぎ}らわしいので公式な星名カタログを作ろうという機運が高まり、2016年に**国際天文学連合（IAU**：International Astronomical Union）❷で**星名ワーキンググループ（WGSN**：Working Group on Star Names）が組織されました。

　たとえば、みなみのうお座の1等星フォーマルハウトなどは、Fomahandt, Fomahant, Fomal'gaut, Fomal'khaut, Fomal'khaut, Fomalhut, Formalhauなど約40種類の名前が使われているそうで、たしかに検索するときなどに困ってしまいそうです。

---

❷ 1919 年に設立された天文学に関する世界最大の国際機関で、天体とその地形の名前の管理も行っています。

名前を1つに絞るためには、その星の名前の変遷の歴史を調べる必要があるので、作業には時間がかかります。2021年時点で、星名がカタログ化された恒星は450個ほどです。ちなみに、前出のフォーマルハウトはFomalhaut（▶ p.111）に決まったようです。

　このIAUの星名リストには7等級以下の暗い星も含まれていますが、NameExoWorldsという命名キャンペーンで世界各国から公募された名前が採用された星たちです。これらの星は惑星を持っていることが確認された恒星です。たとえば、わし座のHD192699という星は「チェキアChechia」という名前になりましたが、これはチュニジアの提案で、伝統的な平たい帽子「タキーヤ」から付けられたものです。

　固有名の他に**各国独自の星名**もあります。たとえば、おおいぬ座のシリウスは、古代エジプトではソプデト、中国では天狼、ポリネシアではアア、日本では青星（アオボシ）や大星（オオボシ）といった名前を持っています。日本独自の名前は**和名❶**といいます。

---

❶　和名は漢字表記もありますが、漢字が不確かな場合もあり、カタカナ表記も使われています。
　ついでにここで説明すると、**星座の和名**については、学名に和語がある場合はひらがな（平仮名）で、学名に和語がない場合はラテン語読みのカタカナ（片仮名）で表記します。

4

第1章　恒星の名づけ

※ バイエル符号

　星の名前というと、ベガやリゲルのような固有名の他に、こと座α星とかオリオン座β星といったギリシャ文字付きの名前もよく使われますね。これは**バイエル符号**というもので、1603年にドイツのヨハン・バイエルが出版した『ウラノメトリア（VRANO＝METRIA）』という星図で使われた星の命名法です。

　『ウラノメトリア』は、世界で初めて星座別の恒星リストが掲載された星図です。バイエル符号は星座ごとに、だいたい見た目が明るい順に、恒星にギリシャ文字を $\alpha,\ \beta,\ \gamma,\ \delta,$ ……と順に付けていったものです（明るさの順ではないものもあります）。

　現在のバイエル符号は「**ギリシャ文字のアルファベット❷＋星座名のラテン語の属格**」で表記され、たとえば北極星は α Ursae Minorisという名前になります。ラテン語の星座名は長いので、星座名の部分は3文字の略称を使ってα UMiといった表記で使われることが多いです。日本語では、こぐま座α星、こぐま座αなどと書きます。

　バイエル符号は恒星名の**学名**にもなっていて、1500個ほ

---

❷　めったにありませんが、ギリシャ文字を最後（オメガω）まで使ってしまった場合、次はA, b, c, d, ……（小文字aは使わない）と**ラテン文字**のアルファベットが続きます。また、二重星（▶ p.33）や三重星など多重星の場合、α^1、α^2のように上付き文字で区別します。

5

どの星にバイエル符号が付けられています。固有名だけでは何座のどんな星かわかりにくい場合も、バイエル符号をいえばどの星座のどの程度の明るさの星か直観的にわかるので、恒星名を表すのに普通に使われるようになりました。

✳ フラムスティード番号

バイエル符号の他に、1700年代初めに作られた『フラムスティード星図』❶に掲載された**フラムスティード番号**もよく使われる恒星名です。これは星座内の位置で西側から順に1から番号を振ったもので、たとえばこいぬ座のプロキオンProcyon（α CMi）は、こいぬ座の西から10番目の星なので、10 Canis Minoris（こいぬ座10番星）といった表記になります。ペガスス座51番星（1995年に初めて太陽系外惑星の存在が確認されました）や、かに座55番星（大小の惑星を4個持ちます）などは、フラムスティード番号による呼び名です。

フラムスティード番号は2500個ほどの星に付けられています。ただし、南半球でのみ見えるような位置の星には振られていません。バイエル符号でもれた暗い星にも命名されているので、バイエル符号を補う形で使われています。

---

❶ フラムスティードは、イギリスのグリニッジ天文台を創設した初代台長です。『フラムスティード星図』は生前には発行されず、彼の死後に夫人たちによって出版されました。フラムスティード番号はフランス語版から掲載されています。

第1章　恒星の名づけ

✳ その他の恒星の命名法

　近代天文学では、肉眼で見えない暗い星まで位置や光度を調べる必要がでてきたので、19世紀以降さまざまな星のカタログが作られました。よく使われるものでは、20世紀初めの**ヘンリー・ドレイパーカタログ**（9等星まで、約22万個）の**HD❷**が付く番号や、恒星の等級や色に詳しい**ブライトスターカタログ**（約9000個）の**HR❷**が付く番号などが知られています。

　また最近は、恒星の正確な距離と位置のデータが使える**ヒッパルコスカタログ**の番号もよく使われます。1988年にヨーロッパ宇宙機関が打ち上げた衛星「ヒッパルコス（Hipparcos）」による観測データを解析したもので、**HIP**が付く番号で表されます。

　たとえば、ぎょしゃ座α星のカペラCapellaの各カタログ名は、HD 34029、HR 1708、HIP 24608になります。

✳ 恒星の固有名は何語が多い?

　肉眼で見える全部の星に固有名があるわけではありませんが、1等星から4等星くらいまでの星は何かしらの名前を

---

❷　HD は Henry Draper（人名）を略したものです。ブライトスター（Bright Star）が HR であるのは、ハーバード大学天文台（Harvard Revised Photometry）で改訂されたためです。

7

持っています。5等星も、星座の骨格を構成している場合には固有名を持ちます。

　1等星から3等星までの恒星の固有名で、最も多いのが**アラビア語**由来のもので、全体の2/3を占めます。アルデラミン（ケフェウス座α星）、ラスアルハゲ（へびつかい座α星）、マルカブ（ペガスス座α星）など、独特の響きがあります。残りのほとんどは**ギリシャ語起源**のものと**ラテン語起源**のものですが、一部は他言語起源のものもあります。シリウス（おおいぬ座α星）はギリシャ語由来、カペラ（ぎょしゃ座α星）はラテン語由来になります。

✳ アラビア語起源の星名ができるまで

　それにしても「**何百年もヨーロッパで使われてきた星名**」であるはずの固有名が、なぜこうもアラビア語だらけなのでしょう？　これには、隣接した文化圏であるアラビアとヨーロッパの天文学5000年の歴史が関係しています。

［西洋星座のはじまり］

　私たちが今使っている西洋星座は、古代メソポタミアのシュメール人により紀元前2〜3千年頃その原型が作られました。この**メソポタミア星座**はのちのアッカド人にも継承され、紀元前1000年頃に「ムル・アピン（MUL.APIN）」❶と呼ばれる粘土板の文書の中にまとめられました。これらの

星座は、メソポタミアの高度な天文学とともに、紀元前7～4世紀頃にギリシャに伝わったと考えられています。

古代ギリシャでは、メソポタミア星座にギリシャ風の神話を付け足し、それにギリシャ独自の星座などを加えて、紀元前3世紀頃にアラトスが『**ファイノメナ**（現象）』という叙事詩に40数個にまとめました。これが今使われている西洋星座のもとになったものです。

［星の名前リストの誕生］

星の名前はどうなのかというと、メソポタミアでは70数個ほどの星名の記録がありますが、位置情報をまとめてリストにしたものはありません。

ギリシャでは、紀元前2世紀の天文学者ヒッパルコスが恒星の位置観測を行い、46個の星座とそこに含まれる800個ほどの恒星の位置表を作ったといわれています。これが西洋初の恒星リスト（**星表**）だと想像されますが、ごく一部を除き現存していません。

ヒッパルコスの著作や星表は残っていませんが、2世紀にアレクサンドリアの地理学者プトレマイオスが書いた天文学書『**アルマゲスト**』(▶ p.12) で引用されているので、その一部を知ることができます。『アルマゲスト』は天体軌道論

---

❶ 「ムル（MUL）」は星、「アピン（APIN）」はすき（鋤／犂：農具の一種）を意味する言葉です。

などのギリシャ数学・天文学の集大成で、13巻の大作です。その中に、48個の星座と1000個ほどの恒星の位置・名前・明るさを示した表が含まれています。この恒星表が、星の名前リストの最初のものといえるかもしれません。

[**星表の行方**]

『アルマゲスト』は優れた自然科学書だったので、ギリシャ語からシリア語、ペルシャ語、アラビア語などに翻訳されて何世紀もかけて中東から東アジアにまで伝わりました。『アルマゲスト』に掲載されていた48個の星座と恒星表もまた、一緒に世界に広まったのです。

　アラビアにはアッバース朝の9世紀頃に伝わりました。『アルマゲスト』はアラビアの天文学者たちに大人気で、絵や図が加えられたり恒星の位置座標が更新されたりと研究や改定が行われました。

『アルマゲスト』を参考に、ブワイフ朝のアッ・スーフィは、10世紀に『**星座の書**(キターブ・スワール・アル・カワキブ)』というギリシャ星座の解説と恒星表からなる書を著しました。この天文書は、『アルマゲスト』の星座と星表部分の抜粋・発展版といえる著作で、星座絵が入っておりアラビア独自の星名も使われていました。

[**再びヨーロッパへ**]

　一方、ヨーロッパでは中世になると自然科学は停滞し、天文学などは一般の人々から縁遠くなっていました。星座は古代ギリシャのものが一応伝わっていましたが、星名は一部の研究者以外にはすっかり忘れられていたと思われます。『星座の書』に示されたアラビア語の星名リストは、そのような中世ヨーロッパに伝わり、恒星の固有名の大部分もそのときに誕生した❶と考えられています。

---

❶　以上の流れは、次のようにまとめられます。
　1．『アルマゲスト』により、ギリシャ語の星名が成立する。
　2．アラビアに伝わって、アラビア語の星名になる。
　3．ヨーロッパに逆輸入され、アラビア語由来のヨーロッパの星名ができる。

COLUMN

『アルマゲスト』という書名

　ギリシャ語で著された『アルマゲスト』は、活版印刷術が考案された15世紀以降にはヨーロッパ中に広まりました。この書名はアラビア語の「アル・マジェスティ」からきており、「大いなる書」といった意味です。『アルマゲスト』のオリジナルの名前は、ギリシャ語で『マテマティカ・シュンタクシス（数学集成）』、または『メガレ・シュンタクシス（大集成）』といいます。しかし、印刷版が出版された当時すでにアラビア語の書名（アルマゲスト）がヨーロッパでも有名になっていて、以降ずっと「プトレマイオスのアルマゲスト」の名で呼ばれるようになりました。

古代ギリシャの星名

　西洋初の星名リスト＝『アルマゲスト』の星名とはどのようなものだったのでしょう？　壮大な叙事詩や数多くの戯曲が生まれた古代ギリシャの星名ですから、ロマンあふれる詩的なものを想像してしまいますね。しかし実際は、その何というか――真逆なのです。

　いくつか例をあげてみると、おおぐま座β星は「股にある星」、ケフェウス座α星は「帯の星の上の右肩に接する星」、こぐま座β星は「東辺にある星の南星」、りゅう座α星は「尾の近くの星から離れた2星のうちの東星」――『アルマゲス

ト』の星名はだいたいこの調子で、1等星などの特別に名前を持つ星以外は、星座内の位置の説明がそのまま星の名前になっています。この何とも即物的な星名は、アラビアに伝わってほぼ忠実にアラビア語に訳されました。そして、再びヨーロッパに戻ってラテン語に翻訳されたときには、意味を訳されず に**アラビア語の発音がそのまま**星の名前として記されました。

　これが実は結果オーライで、おおぐま座β星は「股にある星」ではなく「メラク」(アラビア語で「足の付け根」の意味)、ケフェウス座α星は「帯の星の上の右肩に接する星」ではなく「アルデラミン」(アラビア語で「右の腕」の意味)といった具合に、エキゾチックな響きの素敵な星名になったのでした。

第 2 章

季節によらない星座の星たち

　地球は公転しているため、夜空に見える星座（恒星）は1年を通して少しずつ変化していきます（年周運動）。一方で、年間を通して見ることができる恒星もあります。
　この章では、季節によらず観察しやすい星座について、2個の恒星の名前を紹介します。

北極星／ポラリス（こぐま座α星）

Polaris

スペクトル型	距　　離	絶対等級	実視等級
Data:　F7I	433光年	−3.6	2.0

　北極星ことこぐま座α星は、ほぼ**天の北極❶**に位置し、**日周運動❷**でもほとんど動きません。そのため真北を知るのに古くから使われ、世界中で知られていました。

　北極星は近代中国の呼び名ですが、欧米ではポラリスPolaris（ラテン語）で、固有名もポラリスPolarisが使われています。

　最古の星名リストである『アルマゲスト』の星表では、こぐま座α星は北極星ではなく「尾の端の星」という名前でした。実は古代ギリシャ時代の天の北極は、今のポラリスよりもこぐま座β星コカブKochabに近い位置にありました。ですから、古代ギリシャでは北極星というとどちらなのか微妙な感じで、北極星を意味する言葉としては、こぐま座の別名「**キノスラ**Cynosura」（ギリシャ語）がよく使われていました（▶ **p.19**）。

---

❶ 星空を半径が非常に大きい球として表現したものを**天球**といいます（中心は地球）。また、地軸（自転軸）を南北に延長したとき、地軸と天球が交わる点を**天の極**といいます。北半球で星空を観察すると、「天の北極」を中心として星々が同心円状の弧を描いて移動（日周運動）する様子がわかります。
❷ 地球の自転によって、天球上の星々が地球の周りをまわるように見える運動です。

のちのヨーロッパでは、極の星Pole Star、北の星North Starなどと呼ばれていましたが、ルネサンス頃からはポラリスの名で呼ばれるようになったようです。

中国では、北極星は古くから神格化されていて、太乙、太一、天皇大帝などのさまざまな呼び名がありました。実際の星空では、今の北極星＝ポラリスは「勾陳一」（勾陳❸という星座の1番目の星）という、地味目の星名になっています。一方、北極星を意味する「帝」という名前は、こぐま座β星のコカブに付けられています。また、天の北極付近には、「北極」「天皇大帝」という星座もあります。これは、北極星が時代とともに移りかわっていくからです。

古代メソポタミアでは、「荘厳な寺院の相続人」という呼び名の星が北極星ではないか？　という説がありますが、不確かです。

アラビアでは、ナジュム・アル＝クトゥブ（北極星）と呼ばれていますが、古い地元の呼び名でアル＝ジュダイ（ヤギ）という名前もあります。

日本では、ネノホシ（子の方角にある星）、キタノホシ（北の星）、ヒトツボシ（神奈川等）、メアテボシ（目あて星、東京都・青森他）、妙見（仏教の妙見菩薩から）、アイヌ語のポ

---

❸　勾陳は天帝を守る護衛、または後宮（こうきゅう）といった意味があるそうです。

ロノチウ (大いなる星) などの呼び名があります。

　この他に、モンゴルではアルタン・ガダス (黄金の杭)、メキシコのマヤではシャメン・エク (北極星の神名)、北米のポーニー族はカラリワリ (動かない星)、インドのヒンドゥー神話ではドルヴァ (固定したもの) など、世界各国に呼び名が伝わっています。

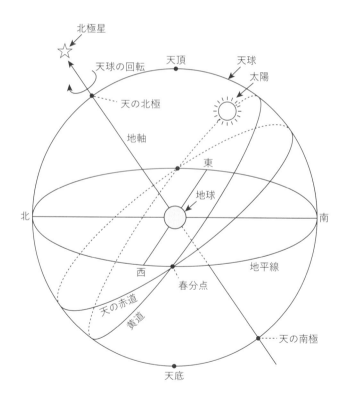

第2章　季節によらない星座の星たち

COLUMN

✦

北極星はずっと同じ星ではない

　北極星を知る上で重要なのは、「北極星は時代ともに代わる」ということです。地球は軌道面に対して23.5°（度）ほど傾いて自転していますが、そのためコマが首を振るような運動をしています。これを**歳差運動**といい、その周期は約2万5800年です。

　このため天の北極は、あるポイント（**黄道の極❶**）を中心に2万5800年の周期で、半径約23.5°❷の円を描いて移動しているのです。ある時代にたまたま天の北極の傍にあった星が、その時代の北極星となるわけですね。

　北極星は、紀元前3000年頃はりゅう座のツバーンThubanで、紀元前1000年頃はこぐま座のコカブKochabでした。紀元前0年〜500年頃に今の北極星になり、約8000年後にははくちょう座のデネブDenebが北極星になっていると考えられます。

北極星の3つの別名

　北極星はヨーロッパでは、ラテン語で「犬の尾」を意味する**キノスラ**Cynosuraとも呼ばれていました。キノスラは、

❶　天球上における太陽の見かけの通り道を**黄道**といいます。黄道の中心から黄道面と直角に軸をのばしたとき、天球と交わる点を黄道の極といいます。
❷　ここでは半径を角距離（▶ p.36）で表しています。

19

古代ギリシャではこぐま座の別名で、アラトスの『ファイノメナ』でもこぐま座をキノスラと呼ぶとあります。それが次第に北極星の名前になったと思われますが、なぜ熊ではなく犬なのか？　というのはよくわかっていません。

　中世では**ステラ・マリス**Stella Marisという名前もよく使われていました。「海の星」「聖母マリアの星」といった意味で、キリスト教の聖母マリアの別名でもあります。北極星は旅人や船乗りの道しるべであったことから、聖ヒエロニムスが聖母マリアをそう呼び広まったようです。

　また、もう1つの別名として、アラビア語で「熊の膝」（ア・ルクバ）という意味の**アルルカバ**Alruccabahという呼び名があります。これは、おおぐま座の膝にあるθ星と間違えて付けられた名前と考えられています。

北極星と妙見

「妙見」は、日本での北極星の古くからのポピュラーな呼び名の1つです。妙見は**妙見菩薩**のことで、北辰と同じものとされています。北斗七星（ ▶ p.26）も、北極星とごっちゃにされて妙見と呼ばれることがあります。妙見菩薩は北極星を神格化した密教（仏教の一派）の神様で、北の四神である玄武の亀に乗った姿で描かれます。

　妙見菩薩はもともと中国では、物事を見渡し国土を守る神様でした。しかし日本では、北を指すことから旅の安全、開運の御利益が加わり、やがて陰陽道・宿曜道（ ▶ p.37）の北

斗信仰から延命・息災を祈願するようになりました。さらに仏教の四天王の北の守護が毘沙門天という軍神であることや、北斗七星の柄杓形の柄の先にある破軍星（おおぐま座 η 星）から、軍神の性格も持つようになりました。

妙見菩薩は、陰陽道や密教の信仰が鎌倉・室町時代に民間に広まるとともに、日本各地で祭られ、妙見宮や妙見堂などの神社が建てられました。この妙見信仰の流行から、北極星は妙見、妙見さんと呼ばれるようになったのです。

星砂の物語

琉球、奄美などの南西諸島には、多くの星の呼び名が伝わっています。北極星のことはニヌファブシやニヌハブス（子の方星）といいます。竹富島には、北極星と**星砂**[1]にまつわる次のような民話[2]があります。

昔、子（北）の方向にある父星（北極星）と午（南）の方向にある母星（諸説あって不明）の夫婦がいました。子どもができたので、天の大明神にどこで産んだらよいか尋ねたところ、温かい竹富島の海をすすめられました。母星はいわれたとおりにそこで星の子どもをたくさん産みました。

ところが、このことが海をあずかる七龍宮神の怒りにふれてしまい、星の子どもたちは皆、龍神の放った大蛇に殺さ

---

[1] 星の形をした砂状の海洋性堆積物で、その正体は死んだ有孔虫（原生動物）の殻です。

[2] 内盛スミ・山本史・中川奈津子『星砂の話（ふしぬ いんのぬ はなし）』（ひつじ書房、2021 年）によりました。

れてしまいます。この子どもたちの骨が、竹富島の東美崎の浜に打ち上げられたものが星砂の始まりということです。

　東美崎の御嶽（祭祀場）の巫女がこれを哀れに思い、星の子どもである星砂を拾い集めて香炉に入れ、天に返す行事を行うようになりました。このおかげで星の子どもたちは天に昇ることができて、午の方向にある母星の傍でたくさん輝いているそうです。

第2章　季節によらない星座の星たち

コカブ（こぐま座β星）

Kochab

スペクトル型	距　　離	絶対等級	実視等級
K4Ⅲ	131光年	−0.9	2.1

Data:

　コカブ（こぐま座β星）はこぐま座で2番目に明るい星で、小さな柄杓形（小北斗七星）の先にあります。今は天の北極から少し離れていますが、紀元前1000年頃には北極星だった星です。

　コカブKochabはアラビア語由来の名前と考えられますが、詳細はわかっていません。一説には、「**北に輝く星**」を意味するアル＝カウカブ・アッ＝シマーリーの冠詞のアルがとれて略されたものといわれています。

　中国では、コカブは天帝を表す「帝」という名前で、コカブ周辺は天の北極を意味する「北極」という星座でした。古代中国では、夜空の星々は地上の写し絵と考えられており、皇帝が北極星で、その周囲の星々は宮殿や重臣たちの名前が付けられていました。コカブの中国での呼び名「帝星」は、かつてコカブが北極星だった頃の名残の名前なのかもしれません。

23

第 3 章

春の星座の星たち

　春の星空は、天の川は地平線に横たわるので見えませんが、88星座のうちの大きさがトップ3の大きな星座を見ることができます。
　この章では、春に観察しやすい星座について、20個の恒星と1団の星団の名前を紹介します。

✴ 春の星空の北斗七星

　おおぐま座の胴体と尻尾の部分にあたる北斗七星（α, β, γ, δ, ε, ζ, θ星）は、6個の2等星と1個の3等星が見つけやすい柄杓の形に並んでいるため、1セットで扱われることが多い星の並びです。日本ではほぼ1年中見えますが、春は高く昇り見やすくなります。

　星座が生まれた古代メソポタミアでは「荷車」と呼ばれており、古代ギリシャでは「熊」、またはメソポタミアと同じく「荷車」とも呼ばれました。柄杓の水をすくう器の部分が荷台で、柄の部分が取っ手にあたります。この「荷車」の呼び名はヨーロッパで広く使われ、今でも北斗七星は、ドイツでは「グローサーヴァーゲン」（大きな車）、フランスでは「グラン・シャリオ」（大きな戦車）、イタリアでは「グランデ・キャロ」（大きな馬車）と呼ばれています。各国とも「大きな熊」という別名もあるので、**ヨーロッパでは、北斗七星は熊でもあり荷車でもある**という存在のようです。

　近年は、英語の呼び名である Big Dipper（大きな柄杓）という名前が一般的に使われています。

　「北斗七星」というのは中国の名前です。その起源は古く、春秋時代（紀元前8〜5世紀）の詩集『詩経』に斗という名が見られ、戦国時代（紀元前4〜3世紀）の詩集『楚辞』には北斗という名が出てきます。

　日本では平安時代に密教や陰陽道が広まり、北斗や七曜

という名称が使われていました。北斗七星という呼び名は、唐代(とうだい)に中国で著された密教の経典『北斗七星護摩秘要儀軌(ごまひようぎき)』『佛説(ぶっせつ)北斗七星延命経』などが伝わったあと使われるようになったようですが、一般的ではなく、江戸時代まで北斗の名称がよく使われていました。

　北斗七星は、日本では民間の人々の間で数多くの呼び名が伝わっています。ナナツボシ（七つ星、全国）、シチヨウ（七曜、神奈川・青森他）、ヒシャクボシ（柄杓星、全国）、シャクシボシ（杓子星、青森・山口他）、サカマスボシ（酒枡星、鹿児島）、カジボシ（舵星、福井等）、シソウノホシ（四三の星、兵庫・広島他）、ウポポケタ（北海道、アイヌ）などです。

　インドでは北斗七星はサプタルシー（7人の聖者）と呼ばれ、創造神ブラフマーの息子たちプラジャーパティ（聖仙）の姿とされています。また、ミャンマーではコニシンチ（7つの星）、タイではダオ・ジョル・ラ・カエ（ワニの星）などの呼び名があります。

ドゥーベ（おおぐま座α星）

Dubhe

	スペクトル型	距　　離	絶対等級	実視等級
Data:	K0Ⅲ	123光年	−1.1	1.8

　おおぐま座α星は、北斗七星における柄杓形の器部分の先端にある星です。固有名のドゥーベDubheは、アラビア語で「**大きな熊**」「**おおぐま座**」を意味するアッ＝ドゥブ・アル＝アクバルのドゥブ（熊）が略されたもので、星座名がα星の名前と間違われたようです。英語での発音はドゥーベ、ドゥベイ、ダビー、ダーブ等いろいろありますが、日本ではラテン語読みの「ドゥーベ」の表記が多いです。なおα星は、『アルマゲスト』では「四辺形にある背部の星」という全然違う名前でした。

　古代中国では北斗という星座の1番目の星で、天枢という名前が付いていました。枢は要・中心といった意味なので、「天の要の星」ということでしょうか。日本では密教での呼び名「貪狼星」の方が知られています。

　インドでは聖仙の1人クラトゥで、ヒンドゥー神話のブラフマー神の息子です。

第3章　春の星座の星たち

メラク（おおぐま座β星）

Merak

スペクトル型	距　　離	絶対等級	実視等級
Data: A1V	80光年	0.5	2.4

　北斗七星において、柄杓形の器部分の2番目の星メラクMerak（おおぐま座β星）は、アラビア語の「**大熊の足の付け根**」を意味するマラーク・アッ＝ドゥブ・アル＝アクバルからきた名前だと考えられています。『アルマゲスト』では「股にある星」という名前なので、ほぼそのままアラビア語になった感じですね。

　中国では天璇（てんせん）という名前で、密教での呼び名は巨門星（こもん）です。インドではプラーハといい、ブラフマー神の息子の1人です。

フェクダ（おおぐま座γ星）

Phecda

スペクトル型	距　　離	絶対等級	実視等級
Data: A0V	83光年	0.4	2.4

　北斗七星において、柄杓形の器部分の3番目の星フェクダPhecda（おおぐま座γ星）もまた、「**大熊の太もも**」を意味するファキード・アッ＝ドゥブ・アル＝アクバルというアラビア語が略された名前です。『アルマゲスト』では「後ろの左股にある残りの星」という名前なので、意味はだいたい同じです。

　中国での呼び名は天璣、密教での呼び名は禄存星です。インド神話ではプラスティヤで、ブラフマー神の息子の1人です。

30

第3章 春の星座の星たち

メグレズ（おおぐま座δ星）

Megrez

スペクトル型	距　　離	絶対等級	実視等級
A2V	80光年	1.4	3.3

Data:

　メグレズMegrez（おおぐま座δ星）は、北斗七星において柄杓形の柄の根元にある星です。3等星なので他の6星よりも少し暗く見えます。メグレズもその位置のとおりの、「**大熊の尾の付け根**」を意味するマグリス・アッ＝ダナブ・アッ＝ドゥブ・アル＝アクバルというアラビア語からきた名前です。『アルマゲスト』でも「尾の付け根にある星」と記されています。

　中国での名前は天権、密教での呼び名は文曲星です。インドではブラフマー神の息子の1人、アトリとされています。

アリオト（おおぐま座ε星）

Alioth

Data: スペクトル型 A0 ／ 距離 83光年 ／ 絶対等級 −0.2 ／ 実視等級 1.8

　アリオトAlioth（おおぐま座ε星）は、北斗七星において柄杓形の柄の外側から3番目の星です。この名前の由来はよくわかっておらず、「黒い牡牛」を意味するアル・ジャウンというアラビア語からきたというもの、「尾」の意味のアラビア語が訛ったもの等の説があるようです。『アルマゲスト』では、「尾の付け根のあとにある3星のうちの最初の星」というややこしい名前になっています。

　中国での名前は玉衡、密教での呼び名は廉貞星です。インドでは聖仙アンギラスの姿とされ、ブラフマー神の息子の1人です。

ミザール（おおぐま座ζ星）

Mizar

Data: スペクトル型 A1V+A1 ／ 距離 86光年 ／ 絶対等級 0.3 ／ 実視等級 2.1

　北斗七星において柄杓形の柄の先から2番目の星ミザー

ルMizar（おおぐま座ζ星）は、とても印象的な星です。2等星であるミザールのすぐ傍に4等星アルコル（アルコア）Alcor（▶ p.36）がくっついて見えているからです。

　ミザールは、**腰布**を意味するアラビア語「アル・ミアザール」からきた名前とされています。『アルマゲスト』では「尾の付け根にある3星の中央の星」という名前なので、アラビア独自の名前のようです。アラビアでは北斗七星は「**棺^{ひつぎ}をひく3人の娘**」と呼ばれていたので、そのことと関係しているのかもしれません。

　肉眼**二重星**❶であるミザールは各国で注目されていたようで、いろいろな伝承が残っています。インドでは、ミザールは七聖仙の1人ヴァシシュタ仙で、アルコルはその妻アルンダティーとされています。アメリカの原住民スノコルミー族では、狩人とその猟犬です。同じくシャイアン族では、北斗七星が1人の少女と7人兄弟の6人の姿で、末っ子がアルコルだといいます。

　ミザールは中国では開陽^{かいよう}という名前で、密教での呼び名は武曲星^{ぶごく}です。

---

❶　非常に接近して1個に見える2個の星を**二重星**といいます。ただし、そう見えるだけで実際に接近しているとは限りません。実際に接近して重力で結び付いているものは**連星**といいます。

アルカイド（おおぐま座η星）

Alkaid

	スペクトル型	距　　離	絶対等級	実視等級
Data:	B3V	104光年	−0.6	1.9

　北斗七星において柄杓形の柄の一番先にある星がアルカイドAlkaid（おおぐま座η星）で、**指導者**を意味する「アル・カーアイド」というアラビア語からきた名前です。カイド・アル・ベナト・アル・ナーシュ（**大きい棺台の娘たちのかしら**）が略されたものと考えられ、アルカイドは娘たちのリーダーと考えられます。アラビアでは、柄杓形（北斗七星）の水を入れる器を棺、柄の3星をその後を歩く悲しむ娘たちと見ていました。

　おおぐま座η星には、アラビア語名の後半がもとになった**ベネトナーシュ**Benetnaschという呼び名もあります。ベネトナーシュは他の恒星名にはない語感で、これもいい固有名になりそうですが、IAUのWGSNは、使われる頻度の高かったアルカイドの方を固有名として採用しました。

　中国では揺光という古い名前があり、密教では破軍星の名で知られています。破軍という名のとおり、星の指す方角を背にして戦うと勝利するという言い伝えがあって、戦国時代の武将にはよく妙見菩薩とともに信仰されていました。

インドでは、アルカイドはブラフマー神の息子のマリーチの姿とされています。マリーチは光線や陽炎を神格化したもので、仏教にとり入れられ摩利支天になりました。摩利支天は、日天（太陽神）と月天（月神）が阿修羅に襲われたとき、子供に変身して阿修羅をだまして日月天を助けたというエピソードがあります。鎌倉時代から武士が敵から身を隠す隠遁(いんとん)のお守りとしていたことなどから、次第に日本で軍神色が付いていったとも考えられています。

アルコル（おおぐま座80番星）

Alcor

スペクトル型	距　　離	絶対等級	実視等級
Data: A5V+M3-4V	82光年	2.0	4.0

　アルコルAlcor（おおぐま座80番星）は、ミザール（おおぐま座ζ星）にくっつくようにすぐ隣に見える4等星です。2星は約12′（分）離れており、この**角距離❶**は月の見かけの直径の約1/3なので、視力がよい人ははっきり分かれて見えます。この名前はアラビア語の「アル・カウアル」（**かすかなもの**）に由来するペルシャ語「クワール」からきたといわれています。ラテン語名に「エクエス・ステルラ」（**小さな星の騎手**）があり、ヨーロッパではミザールを馬、アルコルを馬の乗り手と見ていました。

　中国では輔と呼ばれ、「補助する者」という意味です。日本では密教での輔星という名の他に、スブシ（添え星、鹿児島）、ジュミョウボシ（寿命星、広島）の呼び名があります。正月に寿命星が見えないと、年内が寿命という言い伝えがありました。

---

❶　2点間の距離を角度で表したものです。観測点と2点をそれぞれ直線で結び、その2直線のなす角度で表します。
　角度の単位には、「度」のほかに「分」「秒」が使われます。1°（度）が角度の60′（分）で、角度の1′が角度の60″（秒）です。

36

北斗七星と本命星

「本命星(ほんみょう)」は星占いの言葉で、属星ともいい、北斗七星のうちの1星です。**宿曜道(すくよう)**（密教の中の暦・天文・星占い部門）や**陰陽道**（中国の陰陽五行思想と道教が日本で融合したもの）の星占いで、その人の生まれ星❷として招福・延命息災などを祈願するものです。

この日本式の星占いは平安時代に盛んになり、平安貴族は陰陽師や宿曜師による毎日の占いにそって行動していました。平安時代後期の藤原宗忠(ふじわらのむねただ)の日記『中右記(ちゅうゆうき)』によると、貴族が朝起きて一番にすることは、自分の本命星の名前を7回唱えることだったといいます。

なお、明治時代に盛んになった九星占いでも本命星という言葉がありますが、まったくの別物で北斗七星は関係していません。

---

❷ 本命星の割り当ては、貧狼星は子（ね）年生まれ、巨門星は丑（うし）年と亥（い）年、禄存星は寅（とら）年と戌（いぬ）年、文曲星は卯（う）年と酉（とり）年、廉貞星は辰（たつ）年と申（さる）年、武曲星は巳（み）年と未（ひつじ）年、破軍星は午（うま）年生まれとなります。

アルクトゥールス（うしかい座α星）

Arcturus

	スペクトル型	距　　離	絶対等級	実視等級
Data:	K1.5Ⅲ	37光年	−0.3	0.0

　北斗七星における柄杓形の柄のカーブをそのままのばすと、とても明るいオレンジ色の1等星にぶつかります。この星がアルクトゥールスArcturus（うしかい座α星）で、ギリシャ語の「**熊の番人**（Arktouros）」という名前をラテン語にしたものです（ギリシャ語とラテン語では、熊を「アルクトス」といいます）。

　ギリシャの星名としてはとても古い方で、紀元前700年頃のヘシオドスの叙事詩『仕事と日』において、葡萄の収穫時期を知るのに使う星として登場します。日周運動でおおぐま座を追いかけるように動くので、この名前が付いたと思われます。ArktourosのArkには北という意味もあるので、「北の番人」という意味もあるかもしれません。

　古代メソポタミアでは、軛（2頭の家畜の首にあてる道具）という名前の星でした。メソポタミアにおけるうしかい座はシュパーといいますが、何を表しているのかよくわかってないので詳細は不明です。『アルマゲスト』では、「太ももの間にあるアルクトゥールス」という名前で載っています。

　アラビアではアッ＝シマーク・アッ＝ラーミフという名前

でした。「武装したシマーク」という意味で、アラビア独自の星名と思われます。

アルクトゥールスは中国では大角(だいかく)という名前で、東方を守護する四神の青龍の角を表しています。青龍は星座ではありませんが、28の**星宿**(▶p.54)を4つに分けたうちの、春に見える星宿7つをまとめて青龍としています。黄道からやや離れているアルクトゥールスは、その龍の角の先あたりに位置します。

日本では、ムギボシ(麦星、瀬戸内海等)、カンロク(京都)、グヒンボシ(狗賓星、岐阜)、サミダレボシ(五月雨星、東京)などの呼び名が伝わっています。麦星は麦の収穫時期である初夏に空高く見えるため、五月雨星は五月雨の頃に天頂付近に見えるためとされます。狗賓星の狗賓とは天狗のことで、天狗のような赤っぽい色の星ということのようです。カンロクには色々な説がありますが、寒の入りの1月初旬(寒の6日？)に夜明けに見えることからではないか？　と考えられています。

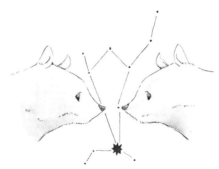

アルフェッカ（かんむり座α星）

Alphecca

スペクトル型	距　離	絶対等級	実視等級
Data: A0V＋G5V	75光年	0.4	2.2

　うしかい座の横に半円形にくるりと並んだかんむり座は、1等星はありませんが見つけやすい星座です。最も明るい2等星のα星はアルフェッカAlpheccaといいますが、アラビア語で「**欠けたものの輝星**」を意味するアル＝ナイル・アル＝ファッカからきた名前です。円ではなく少し欠けているかんむり座の形をよく表している名前で、『アルマゲスト』にある「冠にある輝星」という名前とは少し違うようです。

　固有名には選ばれませんでしたが、アルフェッカにはヨーロッパで使われてきた「**ゲンマGemma**」という別名があります。ラテン語で**宝石**という意味で、冠の中央に光る宝石のように見えるα星らしい名前です。

　中国では、かんむり座は貫索という名前で、これは銅貨を結んでおく紐のことです。アルフェッカはその4番目の星という意味で、貫索四という名前です。日本では、かんむり座は、クドボシ（クドはかまどのこと→竈星、奈良等）、ジュズ（数珠、富山）、タイコボシ（太鼓星、熊本等）、クルマボシ（車星、大分・熊本他）といった多くの名前が伝わっていますが、アルフェッカ単体には特に呼び名はないようです。

第3章　春の星座の星たち

コル・カロリ（りょうけん座α²星）

Cor Caroli

スペクトル型	距　離	絶対等級	実視等級
Data: A0	115光年	0.1	2.8

　りょうけん座はうしかい座のすぐ脇にある小さな星座で、3等級のα星は、小さな望遠鏡で見ると2個の星が並んで見える二重星です。この星の主星（α²星、α星A）の固有名「コル・カロリCor Caroli」は少し変わった由来です。

　コル・カロリはラテン語で「**チャールズの心臓**」という意味で、ハレー彗星が周期彗星であることを発見したエドモンド・ハレーが1725年に命名したと伝えられてきました。この名前の由来は、英国王チャールズ2世の即位時（1660年）に、この星が特に輝いていたためとされています。しかし、このときハレーはまだ3歳であり、この話は怪しいとされています。

　コル・カロリは、最初に登場する1673年の文献では「迫害されたチャールズの心臓」という名前なので、実はチャールズ2世ではなく、清教徒革命で処刑されたチャールズ1世（2世の父）のことではないか？　とも考えられています。『アルマゲスト』では、おおぐま座の一部として「尾から南に離れた星」という名前で記されています。

41

スピカ（おとめ座α星）

Spica

スペクトル型	距　　離	絶対等級	実視等級
Data: B1Ⅲ-Ⅳ+B2V	250光年	−3.4	1.0

　北斗七星における柄杓形の柄のカーブをのばしていくとアルクトゥールス（うしかい座α星）にぶつかり、さらにのばしていくとスピカSpica（おとめ座α星）にぶつかります。スピカは、ラテン語で「穀物の穂」という意味の言葉からきた名前です。おとめ座の星座絵は豊穣の女神デメテル、または正義の女神アストライアといわれますが、女神が持つ麦の穂のところにスピカがくるよう描かれています。

　古代メソポタミアでは、おとめ座は「畝」（正確には、畑の畝間の溝）という星座で、スピカは「畝の輝星」と呼ばれていました。『アルマゲスト』には「右手の端にあるスピカと呼ばれる星」と記されており、古い名前であることがわかります。

　アラビアでは「アジメク」という名前でしたが、これはアッ＝シマーク・アル＝アアザル（武装していないシマーク）が訛ったものと考えられています。アラビアでは、アルクトゥールスが「武装したシマーク」ですので、対になるような名前ですね。シマークsimakはアラビア語で「掌」という意味ですが、もっと古い起源の言葉という説もあります。シマー

クは、スピカの位置にあるアラビアの星宿の名前でもあります。

中国では、スピカは二十八宿の1つ「角宿」の距星（▶ p.54）で、角一という名前です。この「角」とは四神の青龍の角のことです。

日本では、アネサマボシ（アルクトゥールス＝兄に対して姉、富山）、イワシボシ（鰯星、秋田）という呼び名が伝わっています。5月に鳥海山（山形と秋田の県境にある中低山）の上に鰯星がかかる頃、イワシがとれるといいます。

COLUMN

「真珠星」という呼び名の謎

スピカの和名というと、真珠星という美しい名前があげられることがよくあります。これは、宮本常一が福井県で採集した「シンジボシ」という呼び名を、野尻抱影と内田武志の2人が「シンジュボシ（真珠星）」が訛ったものではないか？　と推測した説が広まったものです。しかし、その後の研究者の聞き取りでも、シンジュボシという名前は日本のどこにも伝わっていません。シンジボシは真珠星なのか、そもそもスピカのことなのか、謎が残ったままの星名です。

レグルス（しし座α星）

Regulus

スペクトル型	距　　離	絶対等級	実視等級
Data: B7V	79光年	−0.5	1.4

　しし座の1等星のレグルスRegulus（しし座α星）は、春の南の空の中ほどに見えます。ライオン（獅子）の前足の付け根あたりにあり、「レグルス」はラテン語で**小さな王**という意味の名前です。古代メソポタミアでは「王」という星名だったので、それが伝わったものと思われます。レグルスはほぼ黄道上に位置しているので、火星や木星などの惑星や月とよく接近して見えます。そのあたりが特別な星に見えたのかもしれません。

　『アルマゲスト』では、「レグルスと呼ばれる心臓の星」という名前で星表に載っています。たしかに位置的にライオン（しし座）の胸にあるようにも見えます。アラビアでもカルブ・アル＝アサド（獅子の心臓）と呼ばれていました。どうやら、『アルマゲスト』の掲載名からそのまま訳されたようです。

　アラビアには他に「アル・マラキー」（王の星）という呼び名もあるそうですが、ヨーロッパのレグルスからきたのか、もしかするとメソポタミアの呼び名が残っていたのかもしれません。

日本ではしし座については、獅子の頭を糸車と見てイトカケボシ（糸掛け星）、樋を掛ける金具と見てトイカケボシ（樋掛け星、富山）などの名前が伝わっていますが、レグルス単体の呼び名はないようです。レグルスは1等星の中では暗い方なので、しし座に2等星が2個、3等星が5個と比較的明るい星が多いため、目立たなかったのかもしれません。

　中国でも同様の理由からか、特に固有の名前はなく、軒轅（けんえん）という星座の14番目の星という意味で「軒轅十四」と呼ばれていたようです。軒轅は伝説の五帝の1人「黄帝」のことなので、中国でも王の星（の一部）だったようです。

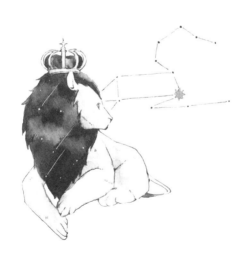

デネボラ(しし座β星)

Denebola

スペクトル型	距離	絶対等級	実視等級
Data: A3V	36光年	1.9	2.1

　デネボラDenebola(しし座β星)は、しし座の尻尾の部分に位置する明るい2等星で、アラビア語で「**ライオンの尾**」を意味するザナブ・アル=アサドからきた名前です。ザナブは尻尾という意味であり、ヨーロッパでは少し訛った**デネブ**という名前で、鳥や動物の星座の尾の部分の星名に使われています。『アルマゲスト』では「尾の端の星」という名前なので、だいたいそのままアラビア語になったようです。

　デネボラは、中国では五帝座という星座の1番目の星で、これもまた王の星の1つになっています。

アルギエバ（しし座γ¹星）

Algieba

スペクトル型	距　　離	絶対等級	実視等級
Data:　K1Ⅲ	130光年	−0.9	2.1

　しし座の首のたてがみの位置に光る2等星アルギエバ（英語読みは「アルジェーバ」）Algieba（しし座γ¹星）は、アラビア語の「額（ひたい）」という意味のアル＝ジャブバからきた名前です。『アルマゲスト』では「首にある3星のうちの中央星」という名前で、額とは異なります。

　もともと「アルギエバ」は、しし座γ星付近にあるアラビアの星宿の名前です。アラビアでも、西洋のしし座のところにライオンの星座がありましたが、西洋のものより大きく、前足がふたご座、鼻先がかに座、胴体がしし座、お尻がおとめ座にかかっています。アルギエバは、そのアラビア版「しし座の額」なのです。

　中国では、しし座γ星はレグルスと同じ軒轅という星座で、12番目の星となっています。

ゾスマ（しし座δ星）

Zosma

Data:	スペクトル型	距　　離	絶対等級	実視等級
	A4V	58光年	1.3	2.6

　しし座δ星は、デネボラの西側、しし座のお尻のあたりに位置する明るめの3等星です。ゾスマZosmaという名前は、ギリシャ語の「**腰布**」を意味するゾースマという言葉に由来します。『アルマゲスト』では、「腰部の2星のうち東星」という名前が付いています。

　ゾスマには、アラビア語起源の**ドゥール**Duhrという別名もあります。アラビア語のザハル・アル＝アサド（**ライオンの背中**）からきた名前と考えられています。IAUのWGSNによる星名リストでは、ゾスマの方が採用されました。

アクベンス（かに座α星）

Acubens

スペクトル型	距　　離	絶対等級	実視等級
Data: A7V	174光年	0.7	4.3

黄道星座[1]のかに座は4等星より暗い星ばかりですが、しし座の頭のすぐ前（西）にある蟹（かに）という、位置はわかりやすい星座です。アクベンスAcubens（かに座α星）は、アラビア語で「**ハサミ、爪**」を意味するアッ＝ズバーナーからきた名前と考えられています。正式な名前は長く、アッ＝ズバーナー・アッ＝サラターン・アル＝ジャヌービー（蟹の南のハサミ）というそうです。『アルマゲスト』では「南のハサミの星」という名前なので、だいたいそのままアラビア語になったようです。

---

[1] 黄道（▶ p.19）上にある星座です。12星座として知られていますが、実際には、へびつかい座を含む13星座があります。

プレセペ星団（M44）

Praesepe

スペクトル型	距　離	絶対等級	実視等級
Data: F0～M5	577光年	−3.1	3.1

　恒星ではありませんが、かに座で最も目立つのが**散開星団❶**であるM44プレセペPraesepeです。肉眼ではぼんやりと小さい雲のように見えます。「プレセペ」はラテン語で「**飼い葉桶**」を意味する言葉で、周囲の4個の星（かに座γ, η, θ, δ星）を「飼い葉を食べるロバ」と見て付けられた名前です。『アルマゲスト』でも「胸にある飼い葉桶と呼ばれる星雲」という名前で位置座標が記されており、プレセペはとても古い呼び名とわかります。

　アラビアではアン＝ナサラan＝nataraと呼ばれています。これはアラビアの8番目の星宿の名前でもあります。アラビア語の「ライオンのしみ」といった意味のアン＝ナサラ・アル＝アサドからきたと考えられています。

　中国では二十八宿の1つ「鬼宿」の中央にあたり、積尸気（せきしき）と呼ばれていました。積尸気は亡くなった人（屍＝尸）から立ち上る妖気、燐光といった意味です。

---

❶　100～1000個の比較的まばらな恒星の集まりです。比較的若い恒星が集まったもので、M44のほかにM45（▶ p.122）もよく知られています。

50

第3章 春の星座の星たち

アルファード（うみへび座α星）
Alphard

Data: | スペクトル型 | 距　離 | 絶対等級 | 実視等級 |
| --- | --- | --- | --- |
| K3Ⅱ-Ⅲ | 180光年 | −1.7 | 2.0 |

　アルファード（アルファルド）Alphard（うみへび座α星）は、うみへび座の心臓付近にある星です。付近に明るい星がないので、2等星にしてはよく目立ちます。「**孤独な1つの星**」を意味するスハイル・アル＝ファルドというアラビア語からきた名前です。

　うみへび座α星は、『アルマゲスト』では「南側の接近した2星のうちの輝星」という即物的な名前なので、アルファードという洒落た名前はアラビアで独自に付けられたと思われます。

　中国では、二十八宿の1つ「星」の1番目の星という意味の星宿一という名前です。星宿一は星宿の距星になっています。

アルキバ（からす座α星）

Alchiba

	スペクトル型	距　離	絶対等級	実視等級
Data:	F1V	49光年	3.1	4.0

　アルキバAlchiba（からす座α星）は、からす座の4等星です。β, γ, δ星の方が3等星で明るいのですが、4等星のアルキバがα星になっています。からす座は、東西に長いうみへび座の背中に乗っている星座で、明るい星はないのですが、小型の台形の星の並びは案外と見つけやすいものです。

　アラビア語で「天幕」を意味するアル＝キバーからきた名前で、元々からす座全体の名前だったものが誤ってα星の名前とされたものです。からす座のちょっと歪んだ四角形が天幕というのは、実にアラビアらしい星座です。『アルマゲスト』では「うみへびと共通のくちばしの星」という名前で、星座絵ではアルキバの位置にカラスのくちばしが描かれています。そのため、かなり前かがみのカラスになっています。

　中国では右轄という名前で、これは「車輪の車軸の楔」の意味のようです。四角形の対角側のη星が左轄で、ペアになっています。

第3章　春の星座の星たち

アルケス（コップ座α星）

Alkes

Data:
スペクトル型	距　　離	絶対等級	実視等級
K1Ⅲ	159光年	0.7	4.1

　コップ座はうみへび座の背中に乗っているからす座の西隣にある星座で、暗めの星がずんぐりしたゴブレット（杯）の形に並んでいます。コップ座のα星アルケスAlkesは4等星で、アラビア語のアル＝カース（**カップ**）からきた名前です。

『アルマゲスト』では、「うみへびと共通でコップの足の星」という名前です。このコップは古代ギリシャで酒を入れる「クラテール」という杯のことで、コップ座の学名もCrater❶となっています。

　中国では二十八宿の1つ「翼宿」の1番目の星で、翼宿の距星となっています。

---

❶　クレーター（円形の窪地）の英語の綴りも crater であり、同じ語源です。

COLUMN

✦

星宿とは？

星宿とは「**月の宿**」という意味で、月が約27.3日かけて星座の間を一周する中で、その日に泊まる宿にたとえられています（月宿ともいいます）。西洋の黄道十二星座に近いものですが、黄道から少しずれており、**天の赤道❶**に近い場所に設定されています。星宿は、中国、インド、アラビアで作られ、**二十八宿**と**二十七宿**の2種類があります。インドの影響を受けた東南アジアでも星宿が使われていました。

中国の二十八宿は春秋時代前後にできたと考えられ、帯状に28個並んで全天を一周しています。中国では北極星を中心とした赤道座標が古くから使われており、そのため星宿は、ヨーロッパの黄道十二星座のように黄道上ではなく、天の赤道上に近い位置に設定されました。しかし、天の赤道は歳差によって星座の間を少しずつ動いています。星宿が生まれた頃に天の赤道近くにあった二十八宿も、現在はかなりずれていて、どちらかというと黄道よりに見えています。

また28等分ではなく、大小さまざまな大きさの星宿がありました。星宿には、**距星**という位置の基準になる星があり、距星から隣の星宿の距星までがその星宿の長さになります。

---

❶　地球の赤道面を天球にまで広げたとき、天球と交わる大円です。

中国の星宿は、次のように東西南北で7星宿ずつ4グループに分けられます。青龍、玄武、白虎、朱雀は通常星座には入れませんが、ひとまとまりの形になっています。

青龍 (東)	角宿 (スピカ付近)、亢宿、氐宿、房宿、心宿 (アンタレス付近)、尾宿、箕宿
玄武 (北)	斗宿 (南斗六星)、牛宿、女宿、虚宿、危宿、室宿、壁宿
白虎 (西)	奎宿、婁宿、胃宿、昴宿 (プレアデス星団)、畢宿、觜宿、参 (オリオン座)
朱雀 (南)	井宿、鬼宿 (プレセペ付近)、柳宿、星宿、張宿、翼宿、軫宿

インドの星宿「ナクシャトラ」

インドの二十七宿はサンスクリット語で「ナクシャトラ nakshatra」と呼ばれ、その起源は宗教文書『アタルヴァ・ヴェーダ』まで遡るといわれています。インドのヒンドゥー神話では、星宿は月神ソーマの27人の妃です。月であるソーマは日々、妃の家を1軒ずつ泊まり歩いて、約1か月で天を一周するわけです。

ナクシャトラは現在2種類あり、1つは『アタルヴァ・ヴェーダ』以来の伝統的な星宿、もう1つはその後に入ってきた西洋占星術の影響で黄道を等しく27等分した星宿です。

伝統的なナクシャトラの星宿は、クリッティカー (プレアデス星団)、ローヒニー (ヒアデス)、プナルヴァス (カストル、ポルックス)、プシュヤ (プレセペ付近)、チトラー (ス

ピカ）、スヴァーティー（アルクトゥールス）、ジェーシュター（アンタレス）、シュラヴァナ（アルタイル）などで、中国の二十八宿と異なるものも一部あります。インド式でも二十八宿にする場合があり、そのときはアビジト（ヴェガ付近）が追加されます。

新しいナクシャトラは、西洋の黄道十二宮（▶ p.115）と同じ黄道上にあり、**春分点**❶から始まります。この方式ではプシュヤはふたご座の中央あたりになり、チトラーはしし座の足のあたりになります。現在のナクシャトラ占星術は、この新しい区分が使われています。

伝統的な方のナクシャトラは、インドで生まれた仏教の密教にとり込まれて、中国に伝わりました。日本にも『宿曜経』などの経典を通じて伝わっています。江戸幕府の天文方❷であった渋川春海は、改暦を行うときに、密教のインド式の二十七宿が使われていたものを中国の二十八宿に変更しました。

本書では、伝統的なナクシャトラの方を使用しています。

アラビアの星宿

星宿は、中国、インドの他にアラビアのものが知られています。アラビアの星宿は、アラビア語でマナージル・アル＝カマルと呼ばれ、二十八宿あります。

---

❶ 黄道と天の赤道との 2 つの交点のうち、太陽が南から北に横切る交点です。
❷ 江戸幕府の天文学担当職で、編暦を行いました。

主な星宿をあげると、アッ＝スライヤー（プレアデス星団）、アッジラーア（カストル、ポルックス）、アンナサラ（プレセペ）、アッシマーク・アルアーゼル（スピカ）、アルカルブ（アンタレス）などです。アラビアの星宿は、インドの伝統的な星宿により近い感じです。

なぜギリシャ星座しかないのか？

古い星図を見ると、ほとんどはギリシャ星座が描かれているか、または古代中国の星図です。ドイツ星座とかブラジル星座とか他の国々のオリジナル星座の星図というのはないのでしょうか？

実は星図を作ろうにも、世界のどの民族もあまり星座を作っていないのです。通常の民族では、北斗七星、プレアデス星団、さそり座、オリオン座、南十字と、あと数個くらいでしょうか。

暦作りのために、上記に加え**黄道星座**（太陽の通り道にある星座）がある国もいくつかあります。しかし全天をおおうほど多くの星座を作って記録したのは、**古代メソポタミア**、**古代ギリシャ**、**古代中国**の3つの文明だけなのです。

いくつかの目立つ星の並びだけを覚えるのは簡単です。しかし、それ以外の場所に星座を作るのは、実はけっこう面倒なことだと思います。球面の星空で形（星座）を想像し、それを平面に記録し、人々に伝える——暗い星しかない領域にまで星座を見出すという、特に日常生活の役に立たない

作業を行うのは、何かよほどの理由があるはずです。

　古代中国では皇帝を北極星になぞらえ、星々は地上を写した姿と考えました。**星空の中で起こることは地上でも起こる**と考えたので、毎日熱心に夜空を観測していました。メソポタミアでは、**星空は神々の住処**と考えられ、神々を祭るときに夜空の星座にも祈りを捧げました。古代ギリシャでは、メソポタミアの星座を受け継ぎ、独自の星座や神話を加え後代に伝えました。

　この３文明以外の国の星座で全天星図を作ると、星座のない空白部分の方が多いすかすかの星図になってしまいます。そういうわけで、実用になる星座というと、メソポタミア＆ギリシャチームの星座（西洋星座）か中国星座のどちらかになります。

アラビア、エジプト、ミャンマーの星座

　西洋星座や中国星座ほどではありませんが、ある程度の数の星座を作った民族もあります。

　古代エジプトでは、古王国時代（第３〜第６王朝）から北極星とその周辺の星々に対する信仰があり、新王国時代には独自の星座が作られていました。セティ１世（第19王朝）らの王墓の壁画に、カバ、ワニ、ライオンや人物の星座絵が残っています。また天の赤道上に36個の「デカン」という星座を作り、夜の時間を計るのに使っていました。

　アラビアでは、砂漠に住む遊牧民の間で独自の星座が作

られていました。オリオン座周辺の弓を持つ女性の星座など、小さな星座が集まって1つの大きな星座となっています。アラビアでは星宿も使われていました。

アジアのミャンマーでは、北天の9つの星座など、多数の独自の星座を持っていました。チャウトージー寺院の天井には、南天・北天の星座絵付きの星図が描かれています。

和名で星図を作ってみると?

日本は国家としては、古くからお隣の中国の星座を輸入して使っていたので、特にオリジナル星座作りは行われてきませんでした。有名な奈良の**キトラ古墳❶**の星図も、すべて中国星座です。

しかし、民間に伝わる星の並びの呼び名もいろいろとあり、研究者が丁寧に収集していて記録されています。他民族と比べてもオリジナルの星の呼び名は多い方だと思います。それを全国分集めると、オリオン座、ペガスス座、さそり座、1等星の周辺などかなり星図が埋まります。

ただし、へびつかい座、ヘルクレス座、くじら座、みずがめ座などの広い面積、地味（？）な星座の部分には呼び名の付いた星がないため、何もない空間が広がることになって、作りかけの星図のように見えてしまうでしょう。

---

❶ 「キトラ」の由来は「亀虎」または「（小字）北浦」という説がありますが、よくわかっていません。キトラ古墳の石室の天井には、中国式の円形星図が描かれています。

59

第 4 章
夏の星座の星たち

　夏は大気に水蒸気が多く、星空が霞んで見えますが、明るく見つけやすい星座が多いのが特徴です。星祭としての七夕も、日本人が長く親しんできた伝統行事です。
　この章では、夏に観察しやすい星座について、18個の恒星の名前を紹介します。

アンタレス（さそり座α星）

Antares

スペクトル型	距　　離	絶対等級	実視等級
Data: M1.5I+B4V	554光年	−5.2	1.0

　梅雨時から真夏にかけて南の低い空に光る赤い星——それが夏の星空を象徴する1等星アンタレスAntares（さそり座α星）です。宮沢賢治が作詞・作曲した「**星めぐりの歌**」で「赤い目玉のさそり」と歌われているのは、さそり座の心臓にあるこのアンタレスです。

　アンタレスは、ギリシャ語の「**火星（アレス）に対抗するもの**」、または「**火星に代わるもの**」という意味の言葉に由来すると考えられています。さそり座は黄道星座なので、約2年ごとに火星がアンタレスの傍にやってきます。古代ギリシャの人々は、赤く明るい2星を見比べていたのでしょう。『アルマゲスト』にも、「アンタレスと呼ばれる中央星」という名前が記されています。

　アンタレスは、古代メソポタミアでは「さそりの胸」、または「リシ」と呼ばれていました。その名残なのか、アラビアでは「さそりの心臓」を意味するカルブ・アル＝アクラブと呼ばれています。

　中国では、大火、または二十八宿の1つ「心宿」の2番目の星という意味の心宿二という名前です。中国の歴史書『書

62

経』には「火」という名前で記されており、アンタレス（火）が見えると夏至であると書かれています。

　日本ではその赤い色から、ポロフレケタ（アイヌ語で大赤星という意味、北海道）、アカボシ（静岡等）、サケヨイボシ（酒酔い星、山口等）などの名前が伝わっています。しかし、日本での呼び名はアンタレス単独のものより、アンタレスの東西にある3等星、さそり座のτ星**パイカウハレ**とσ星**アルニヤト**とを合わせた三つ星としての呼び名の方がたくさんあります。

　両脇の2星を荷物をぶら下げてしなった天秤棒に見立てて、カタギボシ（担ぎ星、徳島）、カゴニナイボシ（籠荷い星、兵庫）、アキンドボシ（商人星、広島・静岡他）、サバウリボシ（鯖売り星、香川等）、シオウリボシ（塩売り星、神奈川等）などの呼び名があります。また、嫁入りのときの輿を担ぐ姿と見てヨメイリボシ（嫁入り星、茨城）、親孝行の子が両親を担ぐ姿（天秤棒で？）と見てオヤニナイボシ（親荷い星、静岡等）という呼び名もあります。

　アンタレスの西側にあるさそり座σ星は「アルニヤト Alniyat」と呼ばれていますが、アラビア語のアル＝ニヤート（**心臓の腱索**）からきた名前です。さそりの心臓であるアンタレスのすぐ傍にあるので、そう呼ばれたのでしょうか。東側のτ星は、昔はσ星と同じくアルニヤトと呼ばれていましたが、それではσ星と同じ名前になってしまうので、IAUのWGSNにより、パイカウハレという名前が採用されまし

た。「パイカウハレPaikauhale」は、ハワイの言葉で**左目**という意味です。

ハミディムラとピピリマ（さそり座μ星）

Xamidimura & Pipirima

スペクトル型	距　　離	絶対等級	実視等級
μ^1星: B1.5V+B3-8	900光年	−4.2	3.0
μ^2星:　　B2Ⅳ	410光年	−1.9	3.6

　さそり座μ星は、さそり座の胴体が曲がった部分にある3等星で、肉眼で2個の星に分かれて見える二重星です。2星をそれぞれμ^1 **❶**、μ^2と呼んでいます（▶ p.5）が、2星を合わせた呼び名が世界各地に伝わっています。

　日本では、キャフバイボシ（脚布奪い星、愛媛等）、スモトリボシ（相撲取り星、島根・静岡他）という和名が記録されています。脚布奪い星は、2人の女星が天の川（地上から見た銀河系）の水浴から上がるときに脚布が1枚しかなくて、奪いあっている姿だといいます。

　タヒチ（フランス領ポリネシア）での呼び名「**ピピリマ**Pipirima」（Pipiri ma、**ピピリたち**）は、意地悪な両親から

---

❶　μ^1星それ自身は連星（▶ p.33, 106）です。

逃げて天に昇った兄妹の伝説に由来しています。

　タヒチにピピリとレファという兄妹がいました。ある夜に両親はたいまつを持って漁に行って魚をとり、自分たちだけでこっそり焼いて食べてしまいました。兄妹はそれを恨んで家から出ていき、両親が戻っておいでと追いかけると、甲虫（魚という話もあります）の背に乗って空に昇り、星になってしまいました。それが、さそり座μ^1星とμ^2星だというのです。

「ハミディムラ Xamidimura」 は、ナミビアに住むコイコイ族の言葉で**「ライオンの目」**という意味だそうです。

　ハミディムラとピピリマはどちらも単独の星ではなく、μ^1星とμ^2星のペアに付けられた名前です。しかし、2星とも同じ名前というわけにはいかないので、IAUのWGSNによりμ^1星がハミディムラ、μ^2星がピピリマと決定されました。

シャウラ（さそり座λ星）とレサト（さそり座υ星）

Shaula & Lesath

	スペクトル型	距　　離	絶対等級	実視等級
λ星：	B2Ⅳ＋B	571光年	−4.6	1.6
υ星：	B2Ⅳ	576光年	−3.5	2.7

　さそり座の尾の先に並んでいる2星です。二重星というわけではないので別々に紹介するべきかもしれませんが、2個並んでいる様子が目につきやすく、各国ともペアで名前が付けられています。たとえば、欧米ではキャッツアイズ（猫の目）と呼ばれています。

　シャウラShaula（λ星）は、アラビア語で「**さそりの針**」を意味するアッ＝シャウラト・アル＝アクラブからきた名前です。**レサト**Lesath（υ星）も同様に、アル＝ラサート・アル＝アクラブ（**さそりの針**）が短縮された名前で、この2星をさそりの尾の毒針と見たようです。『アルマゲスト』ではλ星が（2星の）「東星」、υ星が「西星」というあっさりした名前ですが、ギリシャ人も2星をペアで考えていたことがわかります。

　日本ではオトドイボシ（弟兄星、岡山等）という呼び名が知られています。鬼婆に追われた兄弟が天道様（天地を支配する神様）に助けを求めると、天から釣り針の付いた鎖が下りてきて、兄弟はそれに乗って天に昇り星になったという言い伝えがあるそうです。

第4章　夏の星座の星たち

ズベンエルゲヌビ（てんびん座α²星）

Zubenelgenubi

スペクトル型	距　離	絶対等級	実視等級
A3Ⅳ	76光年	1.0	2.8

Data:

　てんびん座はおとめ座の足元にあり、おとめ座の女神アストライアの「正義の天秤」といわれています。しかし昔は、その反対側にあるさそり座と合わせて1つの星座のようになっていました。見つけ方も、さそり座からたどる方がわかりやすく、さそり（蠍）の鋏のすぐ前（西）に、逆くの字に3つの星が並ぶ部分がてんびん座です。

　α²星（α星A）[1]の固有名「**ズベンエルゲヌビ**Zubenelgenubi」は、一度聞いたら忘れられないようなインパクトのある名前です。これはアラビア語で「**南の爪**」を意味するアル＝ズバニャ・アル＝ジャヌビからきた名前です。この爪とは「さそりの鋏」のことで、さそり座の鋏が隣のてんびん座にまでのびていたことになります。

　それでは昔は、α星はさそり座の星だったのか？　というとそうでもなく、『アルマゲスト』には「南の皿の端の輝星」という名前で記されています。アラビアでも「南の皿」を意

---

[1]　てんびん座α星は、4個以上の恒星からなる連星系です。固有名は主星（明るい方の星）に付けられたものですが、その主星自体が連星です。

67

味するキファ・アウストラリスという別名があります。この皿は「天秤の皿」のことです。てんびん座α星は、古くは「さそり座の延長兼てんびん座」といった感じの立ち位置でした。

　α星の北側にあるβ星の固有名は「**ズベンエスシャマリ Zubeneschamali**」ですが、これは「**北の爪**」を意味するアル＝ズバニャ・アル＝シャマリからきた名前です。この星にもキファ・ボレアリス（北の皿）という別名があります。

　中国では、ズベンエルゲヌビは二十八宿の1つ「氐宿」の距星で、氐宿一という名前です。

68

第4章　夏の星座の星たち

アルナスル（いて座 γ^2 星）

Alnasl

スペクトル型	距　離	絶対等級	実視等級
Data: K1Ⅲ	97光年	0.6	3.0

　さそり座の東隣には、さそり座を狙って弓を引く姿のいて座があります。いて座は古い星座で、メソポタミアでは半人半馬のパピルサグという神獣であり、やはりさそり座に向かって弓を引いています。ギリシャ神話では、アキレウスやヘルクレスを育てたケンタウルス族の賢人ケイローンの姿とされています。

　いて座の γ^2 星アルナスルAlnaslは、いて座の弓につがえた矢の先にある3等星です。アルナスルは、その位置のとおり「**矢じり**」を意味するアン＝ナスルというアラビア語からきた名前です。『アルマゲスト』でも、「矢の先にある星」という名前が付いています。またアルナスルは、中国では二十八宿の1つ「箕宿」の距星になっています。

　いて座には2等3等の明るい星が多いのですが、α星とβ星はどういうわけか暗い4等星に割り当てられています。α星の**ルクバット**Rukbatは「**射手の膝**」、β星の**アルカブ**Arkabは「**射手のアキレス腱**」を意味するアラビア語に由来する名前です。ともに射手のケイローンの前足のあたりにあります。

69

ヌンキ（いて座σ星）

Nunki

　南斗六星の柄杓形の器部分にあるヌンキNunki（いて座σ星）は、明るい2等星です。おそらくヌンキは、星の固有名としては、どの星よりも古いものではないかと思われます。何しろシュメール語（古代メソポタミアの言語）の単語がそのまま星名になっているからです。

　しかし、「ヌンキ」の意味するところはよくわかっていません。以前は「海が始まるしるし」といった意味であるといわれていましたが、その根拠は不明でした。最近の同定では、ヌンキは**エリドゥ**と呼ばれている、とも座とほ座の星々のことを指しているとされています。そのヌンキの名がなぜ、いて座の星に付いているのかはまったくの謎です。

　『アルマゲスト』では、「左肩にある星」というごく普通の名前で記されています。ヌンキはアラビアで付けられた名前と推測されますが、とにかく謎のままの星名です。

COLUMN

南斗六星

　南斗六星は、いて座の弓の部分にあるζ，τ，σ，ϕ，λ，μの6星でできた柄杓形の星の並びです。6星の中で最も明るいσ星は、先に紹介したヌンキです。

　北斗七星は有名ですが、南斗六星は名前以外あまり知られていませんね。南斗は北斗に比べて暗く、また周囲に似た明るさの星が多数あるため探しにくいせいもあるのでしょう。さそり座の尻尾から北東 (左上) に少しいったところにある、柄杓 (またはスプーン＝匙) を逆さにした形の星の並びです。

　南斗六星は中国の二十八宿の1つで、春秋時代から「斗」という名前で知られていました。これは柄杓を意味する言葉です。ヨーロッパでもMilk Dipper (ミルクの匙) と呼ばれていますが、このヨーロッパの匙は、柄杓の柄の端のμ星を抜かした5星でできています。欧米では、天の川はMilky Way (ミルクの河) なので、そのミルクの匙ということなのでしょう。

　日本では、南斗の柄杓形の器部分の4星で、シボシ (四星、静岡)、穀物から殻などを選別する容器「箕」の形と見てミボシ (箕星、島根・香川・奈良他) という和名があります。また、沖縄の石垣島にはハイナナツブシ (「南の七つ星」の意味) という呼び名があります。南斗六星に7つ目の星が加わ

ったものなのか、または北斗七星や別の星なのか、謎の多い名前とされています。

南斗六星は、干宝(かんぽう)(東晋、?～336年)が著した小説集『捜神記(そうじんき)』に紹介されている次の民話がよく知られています。

昔、魏の国に管輅(かんろ)という占い師がいました。ある若者を目にとめ、彼は20歳まで生きられないと父親に言いました。驚いた父親が何とかならないかと頼むと、管輅は明日、上等なお酒と鹿の肉をもって、南の山の桑の木のところに行き、碁(ご)を打っている2人の老人に黙ってそれをすすめるように言いました。翌日、本当に碁を打っている2人の老人がいたので、親子が言われたとおりにすると、南側にいた老人が帳面を取り出し、一九(19)歳となっていた若者の寿命の一の字を九に書きかえ、九九(99)歳としてくれました。南側の老人が南斗六星、北側の老人が北斗七星の精で、それぞれ寿命、死を司(つかさど)るといわれています。

第4章　夏の星座の星たち

ヴェガ（こと座α星）

Vega

スペクトル型	距　　離	絶対等級	実視等級
Data: A0V	25光年	0.6	0.0

　七夕の織姫星として知られること座のα星ヴェガVegaは、盛夏に頭の真上に見える1等星です。ヴェガには多くの呼び名があります。

　メソポタミアではこと座は雌山羊という星座で、ヴェガは「雌山羊の角」、または「ランマ」と呼ばれていました。『アルマゲスト』では、「（竪琴の）耳にあるリラと呼ばれる星」という名前でした。リラはこと座に描かれている竪琴のことで、こと座全体の名前がヴェガに付けられたようです。こと座の竪琴は伝令神ヘルメスが亀の甲羅から作った琴で、盗んだ牛のお詫びに太陽神アポロンに譲ったものです。アポロンはさらに音楽家オルフェウスに贈り、オルフェウスの竪琴として知られています。

　アラビアではヴェガは、「**急降下するワシ**」という意味のアン＝ナスル・アル＝ワーキウという名前でした。固有名のヴェガは、ヨーロッパに伝わったときに最後のワーキウだけ残ったものと考えられています。ヴェガの両脇にあるε星とζ星を鷲の閉じた翼と見て、急降下する鷲の名が付いたとされています。このアラビアのヴェガ＝鷲のイメージはヨ

73

ーロッパに伝わったようで、こと座の古い星座絵には鷲の姿の竪琴が描かれているものがあります。

七夕伝説発祥の地である中国では、ヴェガは春秋時代から「織女(しょくじょ)」と呼ばれていました。この織女の名前は七夕伝説とともに日本に伝わりました。地方の呼び名としても、カミノタナバタ(アルタイル=彦星が下でヴェガ=織姫を上と見た「上の七夕」、新潟)、オリコボシ(織り子星、広島)などがあります。またアイヌでは、ε星、ζ星と合わせてマラットノカノチウ(熊の頭の星)と呼ばれていました。これは、熊送りの儀式で木に結び付けられた熊の頭部のことと思われます。

北米のネイティブアメリカンのポーニー族は、ヴェガを「黒い星」と呼んでいます。同様にさそり座のアンタレスを「赤い星」、ぎょしゃ座のカペラを「黄色い星」、おおいぬ座のシリウスを「白い星」と呼んでいますが、ヴェガ以外は実際の星の色のとおりの名前です。ヴェガが黒いというのはちょっと不思議な呼び名です。

第4章　夏の星座の星たち

シェリアク（こと座β星）

Sheliak

	スペクトル型	距　　離	絶対等級	実視等級
Data:	B8Ⅱ-Ⅲ	960光年	−3.8	3.5

　こと座β星は、こと座の菱形部分の南西の角にある3等星です。固有名の**シェリアク**Sheliakはアラビア語由来の、こと座全体を意味する名前と考えられます。

　こと座はアラビアでは、『星座の書』の写本ごとに名前が異なります。アッ゠シリャーク（竪琴）、アッ゠スラファート（亀）、アル゠ワーザ（ガチョウ）などです。それぞれ星座絵も竪琴だったり亀だったりします。ガチョウ座はヴェガの名前のアル゠ワーキウからきたのかもしれませんし、亀座はこと座の竪琴が亀の甲羅から作られた話からきたと考えられます。

　シェリアクの名前のもとになったアッ゠シリャークは、古代ギリシャ語のケローネ（亀）からきた等といわれてきましたが、近年はアラビア語のアッ゠サルバーク（**竪琴**）が訛ったものという説が有力です。サルバークは、ギリシャ語の「サムブカ」（古代ギリシャ・中東の三角形の竪琴）をアラビア語化した言葉と考えられています。

　実はシェリアクの隣のγ星**スラファト**Sulafatも、こと座の別名アッ゠スラファート（**亀**）から付けられた名前です。

アルタイル（わし座α星）

Altair

スペクトル型	距　　離	絶対等級	実視等級
Data: A7V	17光年	2.2	0.8

　わし座のα星**アルタイル**Altairは、**七夕の彦星**として知られるわし座の1等星です。この星は、中東とヨーロッパでは時代を超えて一貫して鷲（ワシ）の星でした。

　古代メソポタミアでは、わし座はずばり「鷲」という名前の星座で、アルタイルは「鷲座の輝星」と呼ばれていました。星座が伝わった先のギリシャ＝『アルマゲスト』では、「（鷲の）後頭部にあって鷲と呼ばれている星」と記されています。

　アラビアではアン＝ナスル・アッ＝ターイル（**飛ぶ鷲**）と呼ばれており、アルタイルの名前はこの後半部分に由来します。アルタイルの両隣にあるわし座のβ星**アルシャイン**Alshainとγ星**タラゼド**Tarazedを翼と見て、空を飛ぶ鷲の姿と見たのでは？　といわれています。

　アルシャインとタラゼドは、ペルシャ語で「秤（はかり）の竿（さお）」を意味するシャヒーン・タラズという言葉から付けられた名前と考えられています。ペルシャでは、アルタイルと合わせた3星を「天秤（てんびん）の竿」と見ていたようです。

　β星－アルタイル－γ星が一直線に並ぶ様子は、日本でも、β星とγ星を連れている犬と見たイヌカイボシ（犬飼星、福岡

等)、ウシカイボシ(牛飼い星、岡山等)などの呼び名があります。また、アイヌではウナルペクサノチウ(お婆さん渡し星)と呼びますが、アルタイルがお婆さん、β星とγ星が弟と兄の兄弟で、お婆さんを乗せて川を渡る様子だといいます(▶ p.89)。

中国では、織り姫星のヴェガは「織女」という星座にありますが、牛郎星(彦星)アルタイルは「牽牛」という星座ではなく「河鼓」という星座にあります。これとは別に「牛」(二十八宿の牛宿)という星座もありますが、位置はアルタイルよりずっと南です。河鼓というのは天の川にある鼓ではないかといわれますが、よくわかっていません。

実は牽牛星はもともとアルタイルではなく、牛宿の暗い星だったのではないか、といわれています。それが後代に七夕伝説が広まるにつれて、ヴェガに釣り合うくらい明るいアルタイルを牽牛とするようになったのではないか？　ということです。

デネブ（はくちょう座α星）

Deneb

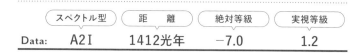

Data: スペクトル型 A2I　距離 1412光年　絶対等級 −7.0　実視等級 1.2

　夏に空高く見える大きな十字型のはくちょう座は、実は春から初冬まで空のどこかに見えている星座です。それは天の北極に近いためで、はくちょうの尾にある1等星のデネブDeneb（はくちょう座α星）は、約1万年後には北極星になります。

　古代メソポタミアでは、はくちょう座のあたりは「豹（ひょう）」という大きな星座の一部で、デネブは「豹の胸」と呼ばれていました。古代ギリシャでは「鳥」という星座で、そのあとのヘレニズム時代にはくちょう座となりました。デネブは、『アルマゲスト』には「（白鳥の）尾の輝星」という名前で記されています。

　デネブという名前は、「**めんどりの尾**」を意味するアラビア語のアッ＝ザナブ・アッ＝ダジャージャの前半部分が訛ったものです。アラビア語のザナブ（尾）は英文字表記にするとDhanabとなるので、デネブと呼ばれるようになったと思われます。はくちょう座はアラビアではめんどり、または隼（はやぶさ）と呼ばれていました。

　中国では、「天津」という星座の4番目の星という意味の天

第4章　夏の星座の星たち

津四という名前です。

　日本には、天の川の中にあるためアマノガワボシ（天の川星、岐阜）、意味は不明ですがフルタナバタ（古七夕、京都）という呼び名があります。

アルビレオ（はくちょう座β¹星）

Albireo

スペクトル型	距　　離	絶対等級	実視等級
Data: K3Ⅱ+B9.5V	360光年	−2.1	3.1

　はくちょう座のくちばしのところに輝く3等星アルビレオ Albireo（はくちょう座β星）は、オレンジ色と青色の美しい二重星❶であることが知られています。街中で小型の望遠鏡でもよく見えるので、天体観望会ではおなじみの星です。

　アルビレオは、アラビアでは「めんどりの口ばし」という意味のミンカール・アッ＝ダジャージャと呼ばれています。『アルマゲスト』では「くちばしにある星」という名前だったので、ほぼそのまま訳されたようです。

　このミンカール・アッ＝ダージャは、現在の呼び名（アル

---

❶　はくちょう座β星の主星それ自身も連星（▶ p.33, 106）です。固有名「アルビレオ」は主星に付けられたものですが、伴星を含めてβ星を「アルビレオ」と呼ぶことが多いです。

79

ビレオ）とあまり似てないので、アルビレオの名前がどこからきたのかは実は謎なのですが、現在は次の説が有力です。

　はくちょう座は、古代ギリシャではオルニス（鳥）という星座でしたが、アラビアに伝わりウルニスになりました。ウルニスは13世紀カスティーリャの**『アルフォンソ天文表』**では、誤訳によりエウリシン（植物名）という名前になりました。それがさらにラテン語に訳されてイリオニスになりました。そのイリオに定冠詞アルを付けてアルイレオになり、訛ってアルビレオになりました。

　いやいや、どこをどう間違えたらウルニス（鳥）がエウリシン（植物）になるの？　と思うところですが、たしかにはくちょう座には一時期エウリシンの名が付いていたのです。中世ヨーロッパのはくちょう座の星座絵には、「エイリシンとも呼ばれる白鳥、ユリのような香りのため」とか「めんどり座、イリシン、白鳥とも呼ばれる」といった謎の解説文が付いているものがあります。アルビレオは、このはくちょう座の昔の別名が残ったものなのかもしれません。

第4章　夏の星座の星たち

スアロキン（いるか座α星）とロタネブ（いるか座β星）

Sualocin & Rotanev

	スペクトル型	距　　離	絶対等級	実視等級
α星:	B9Ⅳ	254光年	−0.7	3.8
β星:	F5Ⅳ	101光年	1.1	3.6

　わし座とはくちょう座の間にあるいるか座は、小さな菱形に星々が並び、明るい星はないのですが、見つけやすい星座です。このイルカは、ギリシャ神話によると琴の名手アリオンを助けたイルカ、また海神ポセイドンの使いのイルカなどといわれています。

　日本では、α, β, γ, δ星の形づくる菱形でヒシボシ（静岡等）、納豆を包む藁＝苞に似ているためツトボシ（苞星、静岡・愛知）、機織りの梭＝糸を通す道具に似ているためヒボシ（梭星、熊本）などの呼び名が伝わっています。また、中国では瓠瓜（ひょうたん）という星座で、これは夕顔の実のことです。さらに、ヨーロッパでは「ヨブの棺」と呼ばれていました。ヨブは『旧約聖書』に登場する信心深い男です。

　いるか座α星、β星の2星は、スアロキンSualocin、ロタネブRotanevというアラビア語の星名とは違った語感の固有名を持っています。この2星の名前の由来はしばらくのあいだ謎でした。

　α星とβ星は『アルマゲスト』では、「菱形の西辺の北星」「菱

81

形の西辺の南星」という、場所だけを示した名前でした。『星座の書』でもだいたいそのまま訳されていますが、スアロキンとロタネブとは似ていない名前です。この2星の名前は、19世紀初めイタリアのピアッツィによる『**パレルモ星表**』という星カタログから登場しています。

ピアッツィは小惑星**ケレス**❶の発見者として知られる天文学者で、パレルモ天文台の創設者・初代台長でした。彼の助手にニコロ・カッチャトーレという人物がいたのですが、ピアッツィはこの優秀な助手の名をいるか座α星、β星に付けようと考えたようです。まず、ニコロをラテン語にしてニコラウスNichorausにし、カッチャトーレは「狩り」という意味なので、ラテン語の狩りという意味のヴェナターVenatorとしました。それを逆から読んで、スアロキンSualocin、ロタネブRotanevとなったというわけです。

しかし、ピアッツィの名前で出された『パレルモ星表』は、実はカッチャトーレが大半の作業を行って作られたといわれています。ですから、もしかするとカッチャトーレは、自分で自分の名前をうまいこと星名に織り込んだのかもしれません（今となっては、真実はわかりません）。

というわけで、いるか座の2星は、天文学者のいたずらのような名前が付いている珍しい星たちです。

---

❶ 火星と木星の間の小惑星帯にあるので小惑星（▶ p.206）とされていましたが、現在では準惑星（▶ p.182）に分類されています。

第4章　夏の星座の星たち

ラスアルハゲ（へびつかい座α星）

Rasalhague

スペクトル型	距　　離	絶対等級	実視等級
Data: A5Ⅲ	49光年	1.2	2.1

　夏の星空というと、南に低いさそり座、頭の真上近くの**夏の大三角**（ヴェガ、アルタイル、デネブ）が思い浮かびますが、両者の間の広い空間にあるのがへびつかい座です。

　この蛇使いは、ギリシャ神話では医者の神アスクレピウスとされています。古代、蛇は脱皮をして生まれ変わるように見えること等から、生命力・医療のシンボルでした。メソポタミアでは「ザババの星」という名前の星座だったとされていますが、ザババはシュメール時代からの古い軍神です。

　蛇使い（へびつかい座）の頭にあるのが、α星ラスアルハゲRasalhagueです。アラビア語で「**蛇使いの頭**」を意味するラース・アル＝ハウアーが訛った名前です。『アルマゲスト』に記載された「頭にある星」という星名を、そのままアラビア語にしたようです。

　中国では、ラスアルハゲには単独で「候」という名前の星座です。古代中国で候とは、天文・気象・陰陽などをうかがう人とされています。

83

ラスアルゲティ（ヘルクレス座α¹星）

Rasalgethi

スペクトル型	距　離	絶対等級	実視等級
Data: M5Ⅰ-Ⅱ	360光年	−1.8	3.4

　へびつかい座とちょうど頭を突き合わせるように逆立ちした姿で空高く見えるのが、ギリシャ最大の英雄ヘルクレスの星座（ヘルクレス座）です。腰のところにある明るい**球状星団**❶M13は、小型望遠鏡でもきれいに見えるため天体観望会で活躍します。

　ヘルクレス座は成立が若干謎めいた星座です。ヘルクレス座は、メソポタミアの「エクルの座せる神々」という星座が元になったといわれています。この「エクル」というのは、シュメールの都市ニップルにあった神殿です。ギリシャに伝わると、『ファイノメナ』では「エンゴナシン（ひざまずく人）」という星座として紹介され、労苦に耐えかねてひざまずいていると詠われています。その後、ヘレニズム時代にヘルクレス座という名前が付いて今に至りますが、星座絵は片方の膝を地面について、ひざまずくような姿で描かれています。

---

❶　直径100光年ほどの領域内に、数十～数百万個の恒星が球状に密集した星団です。年齢が100億年程度の年老いた恒星の集まりです。

84

ヘルクレス座の頭にある3等星（$α^1$星、α星A）の固有名「ラスアルゲティRasalgethi」は、アラビア語で「**ひざまずいた者の頭**」を意味するラース・アル＝ジャーティーからきた名前です。アラビアでは、ヘルクレス座は古代ギリシャ時代の名前「ひざまずいた者」で呼ばれていました。

ラスアルゲティは、中国では「帝座」という1星だけの星座で、これは「天帝の玉座」の意味です。

トゥバーン（りゅう座α星）

Thuban

スペクトル型	距　　離	絶対等級	実視等級
Data:　A0Ⅲ	303光年	−1.2	3.7

　りゅう座は、北の空でこぐま座をぐるりと取り囲んでいる星座です。夏には空高く上り、東洋の龍に似た美しい姿を夜空にたどることができます。りゅう座はメソポタミアでは別の星座で、『ファイノメナ』で初めて登場します。ヘレニズム時代に、「ヘスペリデス❶の園で金のりんごを守る竜」という神話が付け加えられました。

　竜（りゅう座）の尾の中ほどにあるα星の**トゥバーン**Thubanは、4等星なのでりゅう座の中でも明るい星ではないのですが、バイエル符号はαが付いています。紀元前3000年頃に北極星だったという特別な事情が考慮されたのでしょうか。

　りゅう座α星は、『アルマゲスト』では「かなり離れたところの2星のうち東星」という名前で、『星座の書』でも同じ名前が使われています。この元々の名前は、固有名トゥバーンとは関係していません。

　トゥバーンの名は、竜（りゅう座）の頭にあるγ星に付け

---

❶　ギリシャ神話に登場するニンフたちで、ニンフは下級の女神、精霊です。

86

られた、アラビア語で「**ドラゴンの頭**」を意味するラス（頭）・アッ＝ティンニーン（竜）という名前が元になったと考えられています。まず、ラス・アッ＝ティンニーンというγ星の名がヨーロッパに伝わり、ラテン語になった際にラスタベンという名前になりました。その後、ラスタベンの後半のタベンという語が、アラビア語で「蛇」を意味するトゥバーンだと誤解され、りゅう座の竜はトゥバーンと思われたようです。そのため、α星にはトゥバーンの名が付けられたということです。

　なお**ラスタバン**Rastabanは、現在はりゅう座γ星ではなく、β星の固有名となっています。りゅう座γ星は**エルタニン**Eltaninという名前で、これも竜を意味するアッ＝ティンニーンが訛ったものです。どちらも竜（りゅう座）の頭にあり、2等星と3等星です。

　トゥバーンには、他に**アディブ**Adibという別名があります。これは、りゅう座ζ星のアラビア独自の呼び名「アッ＝ディアブ」（**狼**）が誤ってα星に付けられたものではないかといわれています。

　トゥバーンは中国では、右枢という星です。右枢は、天帝の住所を表す紫微垣（天球上を3つに分けた三垣の中央）の右垣に位置します。

COLUMN

ある星の名前が間違って別の星に付くわけは?

　りゅう座の星々のように、ある星の名前が間違って別の星に付けられてしまうのは、「恒星の固有名」界隈にありがちな現象です。

　これは大元の『アルマゲスト』の星表が、ギリシャ語→シリア語→ペルシャ語→アラビア語→ラテン語と、翻訳と書き写しを重ねて伝わったことが原因の1つと考えられます。アッ・スーフィの『星座の書』の写本を見る限りは、アラビア語までは概ね正しく伝わっているのですが、アラビア語からラテン語へ移行する際にいろいろと混乱があったようです。

　『星座の書』には、『アルマゲスト』にはない恒星入りのアラビア風星座絵が付いていました。これは目で見て星座の様子がわかる大変便利なものだったので、中世ヨーロッパの人々には目から鱗の書物だったと思います。ただし、星名が番号で記入されており、2つの表が1つの星座絵になっていたりするので、どの星が星表のどれかを見分けるのは、慣れないと難しいものでした。ここで写し間違いや取り違いがあったのだろうと想像できます。他にも口承による伝え間違いなども、中世からルネサンスに至るまでにはあったのではないでしょうか。

　こういったさまざまな原因により、ある星の名前が全然

別の恒星に付いてしまう現象がしばしば発生したと考えられます。

ウナルペクサノチウ

アイヌ民族は多くの星の民話を持っています。ウナルペクサノチウは「お婆さん渡し星」という意味で、次のような言い伝え[1]があります。

昔、貧しい母に育てられた兄弟がいました。兄は怠け者で遊んでばかりいましたが、弟は親孝行で働き者で家計を支えていました。母が病気で亡くなると2人は毎日嘆き悲しみ、天の神様にどうか母を戻してくださいと頼みました。

それを聞いた神様は、みすぼらしい身なりのお婆さんに化け、川を舟で向こう岸まで渡してくれれば母親に会わせてあげるといいました。兄弟はお婆さんと一緒に船に乗り、一生懸命に漕ぎましたが、川の流れが厳しく、どんなに漕いでも流されてしまいます。兄は途中であきらめて寝てしまいますが、弟は必死で漕ぎ続けました。

それを見たお婆さんは、弟を抱いて天に昇り、兄は船とともに地獄に落ちてしまいました。天の神はこの出来事を知らせるため、3人が船に乗っている様子を天に上げました。わし座のアルタイルがお婆さん、その右の明るいγ星が働き者の弟、左の暗いβ星が怠け者の兄だということです。

---

[1] 末岡外美夫『アイヌの星』（旭川振興公社、1979 年）によりました。

第 5 章

秋の星座の星たち

　秋の星座は明るい星が少なく、少し寂しい印象かもしれません。しかし、神話の登場人物で有名な星座が勢ぞろいしていることから、物語を楽しむには最適です。
　この章では、秋に観察しやすい星座について、13個の恒星の名前を紹介します。

COLUMN

アンドロメダ伝説

　秋の星座は、ある物語の登場人物たちが星空の多くの部分を占めています。それはギリシャ神話の中で語られる古代エチオピア王家の伝説で、次のようなお話です。

＊　　＊　　＊　　＊　　＊　　＊　　＊　　＊　　＊

　エチオピアという国に、ケフェウス王、カシオペア王妃、娘のアンドロメダ姫がいました。カシオペアは大変美しい女性でしたが、その美しさを自慢し、「自分は（自分でなく娘の自慢をした、という説もあります）海の精ネレイドたちよりも美しい」と言ってしまいました。これを聞いてネレイドたちの父である海の神ポセイドンは憤慨し、高慢な人間を懲らしめるため、エチオピアの国に海の怪物を送って津波を起こして暴れさせました。

　困ったケフェウス王とカシオペヤ王妃がアモン神（エジプトの太陽神）の神託を伺うと、娘のアンドロメダ姫を怪物の生贄に捧げよ、と告げられました。2人とも悲しみましたが、従うしかなく、アンドロメダ姫は海岸の岩に鎖でつながれ、そこに海の怪物が襲ってきました。

　ちょうどそこに、怪物メデューサを退治した帰りの英雄ペルセウスが、羽のはえた靴で空を飛びながら通りかかりました。ペルセウスは、アンドロメダ姫を妻として娶る条件で、海の怪物と戦って退治しました。

皆喜び、ケフェウス王の宮廷で祝宴を開いていると、アンドロメダ姫の婚約者だったフィネウスが仲間とともに武器を持って攻めてきました。しかし、ペルセウスがメデューサの首をつきだすと、フィネウスたちは皆石像になってしまいました。その後、ペルセウスとアンドロメダは、ペルセウスの故郷アルゴスに帰って結婚し、幸せに暮しました。

＊　＊　＊　＊　＊　＊　＊　＊　＊

英雄と姫の普通のハッピーエンド物語にみえますが、この伝説は多くの謎に満ちています。それについては、後ほど改めて紹介します。（▶ p.97, 103）

カーフ（カシオペヤ座β星）

Caph

スペクトル型	距　　離	絶対等級	実視等級
Data:　F2Ⅲ-Ⅳ	55光年	1.2	2.3

　カシオペヤ座は、古代エチオピアのカシオペヤ王妃の姿です。自慢話をして大きな事件を起こしてしまった罰として、椅子に座らせられて北極星の周りをまわり続ける運命となりました。

　カシオペヤ座は、メソポタミアでは一番東のε星を除く4星で、「馬」という星座でした。アラビアでは「椅子にすわった女性」という名前で呼ばれています。

　カシオペヤ座のW字の並びの右（西）端の星が、β星のカーフCaphです。これはアラビア語で「**染められた手**」を意味するアル=カフ・アル=ハディーブからきた名前で、指先にヘナ❶染めを施された手を意味しています。この星は、『アルマゲスト』では「椅子の中央星」という名前なので、カーフという名前はアラビア独自のものです。

　アラビアでは、おうし座のプレアデス星団からペルセウス座、カシオペヤ座にまたがる細長く大きな星座「プレアデ

---

❶　ミソハギ科の植物で、ヘンナともいいます。古代から髪染めやボディペイントなどに使われてきたハーブです。

スの伸びた右手」がありました。ちょうどカシオペヤ座のW字がその長い腕の掌にあたります。この腕の星座は別名が「染められた手」で、その名前がβ星に付けられたと考えられています。

中国では、カシオペヤ座は2つの星座に分かれています。カーフは「王良(おうりょう)」という星座の1番目の星で、王良一という名前です。

王良は中国の戦国時代の御者で、趙(ちょう)の国の襄王(じょうおう)の馬術の先生でした。王良は、王に「いくら名御者でも、2人の御者が左右の馬を勝手に御したのでは、馬車をうまく走らせることはできない。国も、君主と臣下が協力しなければ、上手に治めることはできない」と教えたといいます。

アルフィルク（ケフェウス座β星）

Alfirk

	スペクトル型	距　　離	絶対等級	実視等級
Data:	B0.5Ⅲ	690光年	−3.4	3.2

　カシオペヤ座のW字のすぐ西隣りに、暗めの星が五角形に並ぶのが古代エチオピア王のケフェウス座です。この星座は、北を向いて眺めると見やすいように星座絵が描かれており、両手を広げて立つ王の姿です。

　ケフェウス座β星は、『アルマゲスト』では「右側にある帯の星」という名前ですが、アラビアでは「**羊の群れの星々**」を意味するアル＝カワキブ・アル＝フィルクという独自の名前が付けられています。その後半の**アルフィルク**Alfirkがヨーロッパでも使われ、現在の固有名となっています。「羊の群れの星々」は、もともとはβ星周辺の星（α星、η星）をまとめた呼び名で、それがβ星の名前になったと考えられています。

　少し南のケフェウス座η星には、アラビア語で「**羊飼い**」という意味のアッ＝ライからきた**エライ**Erraiという固有名が付いています。このあたりには、アラビアでは羊たちの星座があったようです。

第5章　秋の星座の星たち

COLUMN

その他のケフェウス座の星

　ケフェウス座α星の**アルデラミン**Alderaminはケフェウ
ス王の右肩にありますが、アラビア語で「**右の前腕**」を意味
するアッ＝ディラ・アル＝ヤミンからきたとされています❶。
『アルマゲスト』における「右肩に接する星」に近い名前です。

　ケフェウス座δ星には固有名が付いていませんが、3.5等
から4.4等まで5日ちょっとの周期で明るさを変える**セファ
イド**と呼ばれる**脈動変光星**❷です。セファイドは、周期がわ
かるとその変光星の絶対等級がわかり、地球からの距離も
わかるという特別な変光星です。20世紀初頭にその法則が
発見されてから、宇宙の物差しとして、天文学の発展に大き
な役割を果たしています。

アンドロメダ伝説はいつ誕生したのか？

　星座のギリシャ神話の多くは、ヘレニズム時代から1世紀
くらいの間につくられたと考えられています。その中で古
い方に入るのが、アラトスの星座詩『ファイノメナ』に登場
する神話です。由来のみが紹介されているものがほとんど
ですが、アンドロメダ伝説は長文で物語が書かれており、古

---

❶ 「2つのキュービット（前腕）のうちの1つ」という名前が誤って付けられたという説
　もあります。
❷ 膨張したり収縮したりすること（脈動）で明るさが周期的に変化する恒星です。

97

い神話であることがわかります。

　具体的にいつ頃できたのかというと、まずギリシャ文学の古典、紀元前8世紀頃のホメロスによる叙事詩『イリアス』とその続編『オデュッセイア』に、アンドロメダ、ケフェウス、カシオペヤの名はまったく出てきません。その後、紀元前7世紀頃のヘシオドスの著書『名婦列伝』に、ケフェウス王一家は名前だけ登場します。エチオピア王のケフェウスとアンドロメダは親子ですが、カシオペヤはまったくの別人の妻となっています。

　物語としての最も古い記録は、紀元前6世紀のアンフォラ（貯蔵・運搬用の壺）に描かれた絵❶です。紀元前5世紀には、エウリピデスが戯曲『アンドロメダ』を書いて評判になりました。

　これらの記録から、アンドロメダ伝説は紀元前7世紀頃につくられたか、どこからか伝わってきたと考えられています。

---

❶　アンドロメダを救うため、ペルセウスが海の怪物を退治する場面が描かれています。この絵には三者の名前も記されています。

第5章　秋の星座の星たち

アルフェラッツ（アンドロメダ座α星）

Alpheratz

スペクトル型	距　　離	絶対等級	実視等級
Data: B8Ⅳ	97光年	−0.3	2.1

　アンドロメダ座は、両手を鎖につながれた姫の姿の星座絵でよく知られています。**ペガススの四辺形❷**から、ちょうど旗竿のような感じに星が一列に並んでいるところがアンドロメダ座です。アンドロメダ姫の右足の膝の近くには、空の暗い場所では肉眼でも見える**アンドロメダ銀河**（M31）があります。街中でも、小型望遠鏡を使えば小さい雲のような姿を見ることができるでしょう。

　α星アルフェラッツAlpheratzはアンドロメダ座に属していますが、ペガススの四辺形を形づくる4星のうちの1星です。

　アルフェラッツは、『アルマゲスト』でも「（ペガススの）膝にあってアンドロメダの頭に共通な星」という名前で記されており、古代からペガスス座とアンドロメダ座の共有みたいな立場の星でした。

　アルフェラッツは、アラビア語で「馬」という意味のアル

---

❷　ペガスス座の3星（α, β, γ）とアンドロメダ座α星で形づくられる四辺形です。「秋の四辺形」などとも呼ばれています。

99

=ファラスからきた名前です。α星はアンドロメダ座ですが、ペガスス座の胴体をつくる四辺形の一部であることから、**天馬ペガスス**（英語読みでは「ペガサス」▶ p.109）由来の名前が付いたと思われます。

　α星には**シラー**Sirrahという別名があります。これも、アラビア語で「**馬のへそ**」を意味するスラート・アル=ファラスが短縮された名前です。α星は、『星座の書』では「(馬の)へそにある、婦人(アラビアでのアンドロメダ座の名前)の頭部と共通の星」という名前で記されています。たしかに、ペガサスのおへそのあたりにあります。

　α星は中国では、二十八宿の1つ「壁宿」の星で、壁宿二という名前です。壁宿の距星は、隣にあるペガスス座γ星になります。

第5章 秋の星座の星たち

アルマク（アンドロメダ座γ星）

Almach

スペクトル型	距　　離	絶対等級	実視等級
Data: K3Ⅱ+(B8V+A0V)	393光年	−3.2	2.2

　アンドロメダ姫（座）の左足の先にある2等星がアルマク Almach（アンドロメダ座γ星）です。アラビア語で「**大地の子**」、または「（乾いた草原に住む）**山猫のカラカル**」という意味のアナク・アル＝アルドが短縮されたアル＝アナクからきた名前と考えられています。

　γ星は『アルマゲスト』では「左足の上にある星」という名前で、アル＝アナクはアラビア独自の名前です。『星座の書』では、「左足の上にあるアル＝アナクと呼ばれる星」という両方を合わせたような記述になっています。

　アルマクの元になった「アナク・アル＝アルド」がどこからきた名前なのかは、よくわかっていません。実はアルマクの周辺には、アラビア独自の「小さな魚」という星座があるのですが、「大地の子」とも「山猫」とも関係がなさそうです。ちなみに、「大きい魚」というアラビア星座はアンドロメダ座β星の周辺にあります。

　中国では、γ星は天大将軍一（七、十一という説もあります）という名前です。大将軍は漢代の軍の長官のことなので、「天における大将軍」という意味です。

101

COLUMN

✦

古代エチオピア王国とはどこなのか？

アンドロメダ姫の物語の舞台＝古代エチオピアとはどこなのでしょう？

「エチオピア」は「日焼けした肌の人の国」といった意味の言葉で、ギリシャ・ローマの古代文献で時々登場する国名です。古代エチオピアは、歴史上**ヌビアのクシュ王国**のことです。クシュはアフリカのナイル川上流のヌビア（現在のスーダン）にある古い文明で、現代のエチオピアの北側になります。古代エジプト人はアラブ系ですが、クシュ人はアフリカ系です。

クシュは長らく古代エジプトに征服されていましたが、紀元前1100年頃に独立し、紀元前747年には逆にエジプトを征服して、エジプト第25王朝（紀元前747〜紀元前656年）が成立しました。ファラオ（王）の1人タハルカは、アッシリアに迫られたエルサレムに援軍を送ったことが旧約聖書に記されています。その後、第25王朝はアッシリアに攻められて滅び、クシュはヌビアに撤退します。

ところでクシュには、アンドロメダ伝説と似たような伝承は発見されていません――といいますか、クシュはほぼ内陸の国なので、海の怪物が襲来する話はどうにも無理があります。ギリシャ神話の世界観では、歴史的な事実とは異なり、古代エチオピアは「アフリカ大陸周辺の漠然とした地

域を指していた」ということなので、そのあたりのどこかと考えた方がよいのかもしれません。

アンドロメダ伝説が残る古代都市

古代ローマ時代の地理書で、「古くからアンドロメダ伝説が伝わっている場所」と紹介されている古都があります。その街の名は「**ヨッパ**Joppa」（ジョッパとも読みます）で、別名「**イオペ**Iope」ともいいます。ヨッパは旧約聖書にも登場するフェニキア（今のパレスチナ）の古い港町で、エジプト・エーゲ海・エルサレムに接する交通の要所にあります。ヨッパは現在「ヤッファJaffa」と呼ばれていますが、その観光名所に「**アンドロメダの岩**」というのがあります。

紀元前1世紀、ローマ軍の遠征に同行した著述家のヨセフスは、ヨッパの町を訪れました。そして、「ヨッパの海岸には、アンドロメダの鎖の跡が残る岩があり、人々は自分の町がアンドロメダ伝説の地だと信じている」と『ユダヤ戦記』中に書いています。

また、1世紀頃の歴史家ストラボンが著した事典『地理誌』や、紀元前4〜3世紀の偽スキラクスの著書『ペリプルス』❶にも、アンドロメダが岩に磔にされた場所がヨッパだ、という記述が見られます。実際にフェニキア周辺では、アンドロ

---

❶ 『ペリプルス』は一種の航海記で、スキラクスを装った誰かが書いたと考えられています。本物のスキラクスによる『ペリプルス』はより古いもので、一部が引用されて残っているのみです。

メダ伝説を描いた古いモザイク画が発掘されています。

　ヨッパの町にアンドロメダ伝説が古くから伝わっていることは確かのようです。しかしヨッパの位置は、古代エチオピアとは全然違います。なぜ古代エチオピア王家の伝説が、フェニキアの港町に伝わっているのか？　これについては古くから諸説あります。以下に一部を紹介しましょう。

A)　ヨッパの別名「イオペIope」は、「アイティオピアAethiopia」(エチオピアの古名) からきた名前だろうと混同された。[Stephanus説]

B)　旧約聖書で預言者ヨナが巨大魚に飲まれた場所がヨッパなので、海の怪物つながりでヨッパに舞台が移動した。[Hervey説]

C)　ケフェウスはヨッパの王で、かつエチオピア人 (クシュ人) だった。[Britanica他の説]

D)　ケフェウスはエジプト王で、王の圧政で苦しんだ人々がヨッパに移り住んだ。[Tacitus説]

E)　ヘシオドスの『名婦列伝』には「カシオペヤはアゲノール (フェニキアのシドンの王) の妻で、フェニクス (フェニキアの語源となった) の母」とあるので、最初からフェニキアの要素があった。[Kaizer説]

　さて、フェニキアの港町ヨッパと古代エチオピア王家の伝説をどう結びつければ正解なのでしょう？　決定版という説はなく、アンドロメダ伝説の謎はまだまだ解明中のようです。

104

第5章　秋の星座の星たち

ミルファク（ペルセウス座α星）

Mirfak

スペクトル型	距　　離	絶対等級	実視等級
Data:　F5Ⅰ	506光年	−4.2	1.8

　アンドロメダ座の東にあるのは、のちにアンドロメダ姫の夫となる英雄ペルセウスの星座です。この星座は、2〜4等のやや明るい星が集まっています。ペルセウスはアルゴスの王女ダナエと大神ゼウスの間の子で、髪が蛇になっているゴルゴーン姉妹の1人メデューサを退治したときの姿が星座絵に描かれています。

　ペルセウス座α星の固有名「ミルファクMirfak」は、アラビア語のミルファク・アッ＝スライヤからきた名前です。スライヤとは、アラビア語で**プレアデス星団**（M45）（▶p.122）のことです。ミルファクとは肘のことなので、「**プレアデスの肘**」という意味ですね。

　なぜプレアデスが出てくるのかというと、アラビア独自の星座「プレアデスの伸びた右腕」という星座がこのあたりにあり、ちょうどα星が肘にあたるからです。

　ペルセウス座の星は、他にξ星**メンキブ**Menkib（肩）とo星**アティク**Atik（肩甲骨）も「プレアデスの伸びた右腕」からきた名前が付けられています。

　この3星は『アルマゲスト』では、それぞれ「右脇の輝星」

105

(α星)、「左脚にある星」(ζ星)、「左足の端の星」(o星)という、ペルセウスの体の一部の名前が付けられています。

アルゴル（ペルセウス座β星）

Data: スペクトル型 B8V+G　距離 90光年　絶対等級 −0.1　実視等級 2.1

　ペルセウス座のβ星アルゴルAlgolは、ペルセウス（座）が持つメデューサの首のところにあります。2.867日の周期で2.2等から3.4等まで明るさを変える**食変光星**❶です。
　「アルゴル」は、アラビア語のラス・アル＝グル（**悪魔の頭**）からきた名前です。アラビアでは、常に明るさを変えるアルゴルを不気味な悪魔の星とみたようです。『アルマゲスト』には「首にある輝星」という名前で記されていますが、何の首なのかは明記されていません。
　イタリアのナポリに「**ファルネーゼのアトラス**」という、天球儀❷を担ぐアトラスの大理石像があります。アトラスはテ

---

❶　連星（▶ p.33）のうちの明るい方を**主星**、暗い方を**伴星**といいます。視線方向と連星の公転面が平行なとき、主星と伴星の位置関係によって恒星の明るさが変化して見えます。このような連星を**食変光星**、または**食連星**といいます。
❷　天球上に恒星の位置を示した球面状の模型です。

ィターン族の巨人で、天空を支える罰を課せられています。このアトラスの天球儀に描かれているのが、**最古の星座絵付き星図**といわれるものです。アトラス像は2世紀の作品ですが、古い時代の像の複製です。天球儀の星図は、春分点（▶p.56）の位置から紀元前2〜3世紀頃の作とみられています。このアトラス像の担ぐ天球儀に描かれたペルセウス座には、β星アルゴルがあるあたりに袋に入ったメデューサの首が描かれています。

COLUMN

魔除けのメデューサ

　髪が蛇になっている怪物として知られる**ゴルゴーン**は、古代ギリシャの詩人ホメロスの古典『イリアス』に女怪ゴルゴとして記述があるくらい古くから知られている怪物です。1〜2世紀頃の著作家アポロドーロスによれば、醜い顔で猪^{いのしし}の歯、蛇の髪、黄金の翼を持ち、その眼を見たものを石にする魔力を持つとされています。

　ギリシャ神話では、ゴルゴーンは海神ポントスの子のポルキュスと妹のケトの間の子で、ステンノー、メデューサ、エウリュアレーの**3姉妹**となっています。その中でメデューサだけが不死身ではなかったので、ペルセウスは女神アテナの鏡の盾を使って石化を避け、メデューサの首を切り落としました。

　この**メデューサ**は、もともと小アジア（アナトリア）からエーゲ海で信仰されていた地母神だったといわれています。魔除けの力がある女神だったようで、トルコのパムッカレやディディマなどの神殿遺跡には、魔除けとしてメデューサの頭が破風（屋根の妻側の部分）や柱の根元に彫刻されているのを見ることができます。

　メデューサの頭の彫刻は**ゴルゴネイオン**と呼ばれ、古代のヨーロッパで貨幣やペンダントに使用されていました。

第5章　秋の星座の星たち

マルカブ（ペガスス座α星）

Markab

スペクトル型	距　　離	絶対等級	実視等級
Data: B9V	133光年	−0.6	2.5

　暗い星ばかりの秋の星座で、最も目立つ星の並びといわれているのが「ペガススの四辺形」（▶p.99）です。ペガスス座の胴体の部分で、秋に頭の真上近くに見え、2等星と3等星でほぼ正方形をつくっています。

　ペガスス座は、メソポタミアでは「広場」という星座でした。ギリシャでは「天馬ペガスス」で、英雄ペルセウスが怪物メデューサの首を切り落としたときに、メデューサの血がふりかかった岩から誕生したとされています。

　四辺形の一角であるペガスス座α星の固有名「**マルカブ** Markab」は、アラビア語の「**馬の肩**」を意味するマンキブ・アル＝ファラスが訛った名前です。『アルマゲスト』には「背中にあって翼の肩にある星」と記されており、アラビアでもだいたいそのまま訳されていることがわかります。

　ペガススの四辺形では、他にβ星**シェアト** Scheatがアラビア語のアッ＝シャク（脛）から、γ星**アルゲニブ** Algenibが同じくアル＝ジャンブ（脇腹）からきた名前です。この2星は、ギリシャの『アルマゲスト』ともアラビアの『星座の書』とも異なった名前になっているので、他の星の名前が間違っ

109

て付けられたものと考えられています。四辺形のもう1つの星は、アンドロメダ座のα星アルフェラッツAlpheratzになります。

　ペガススの四辺形は2つの星宿になっています。α星マルカブとβ星シェアトの2星が、室宿（中国）、プールヴァアシャーダー（インド）、アル＝ファルグ・アル＝アウワル（アラビア）という星宿です。また、γ星アルゲニブとアンドロメダ座のα星アルフェラッツの2星が、壁宿（中国）、ウッタラアシャーダー（インド）、アル＝ファルグ・アッ＝サーニー（アラビア）という星宿です。

第5章　秋の星座の星たち

フォーマルハウト（みなみのうお座α星）

Fomalhaut

	スペクトル型	距　　離	絶対等級	実視等級
Data:	A3V	25光年	1.8	1.2

　ペガスス座の四辺形の西の辺を南にずっとのばすと、明るい星にぶつかります。これがみなみのうお座のα星フォーマルハウトFomalhautで、秋の星座で唯一の1等星です。

　みなみのうお座は古い星座で、古代メソポタミアでは「魚」という名前でした。ギリシャ神話では、「シリアの女神デルケトを助けた魚」、または「エジプトの女神イシスを助けた魚」などといわれています。

　フォーマルハウトは、アラビア語で「**南の魚の口**」を意味するファム・アル＝フート・アル＝ジャヌービからきた名前です。その名のとおり、みなみのうお座の口のところにあります。『アルマゲスト』でも「注ぎ口の始めにある口の星」という名前で記されており、魚の口にある星とされています。

　フォーマルハウトは日本では、秋に南の空に低く見えるため、船の目印になったことからフナボシ（船星、静岡）、秋にぽつんと1つ光っていることからアキボシ（秋星、岩手）などの和名が知られています。

　また中国では、北落師門と呼ばれていました。これは「天の宮城（皇帝の居所）の北の軍門」という意味です。

111

ミラ（くじら座o星）

Mira

スペクトル型	距　　離	絶対等級	実視等級
Data: M7Ⅲ＋B	299光年	−1.8	3.0

　くじら座は、秋の南の星空の東半分くらいを占める大き
な星座ですが、目立った星の並びがないのでちょっと探し
にくくなっています。このくじらは哺乳類のクジラ（鯨）と
は関係がなく、古代エチオピアを襲うポセイドンの部下、海
の怪物（ケトス）の姿です。

　このくじら座のあたりにあるのが、2等から10等まで1年
弱で明るさを変える変光星のミラMira（くじら座o星）です。
ミラは、一生の終わりに近い不安定な星で、大きくなったり
小さくなったりして繰り返し明るさを変える脈動変光星（▶
p.97）です。

　ミラは、ラテン語で「**不思議な**」という意味の名前です。17
世紀の天文学者ヨハネス・ヘヴェリウスがミラの変光につ
いて書いた『*Historiola Mirae Stellae*（不思議な星の歴
史）』という書物からその名前がとられました。

　ミラが2等級のときはくじら座の中でも明るい星ですが、
6等級よりも暗くなってしまうと、もう肉眼では見えず、星
がなくなってしまったように見えます。不思議な星という
名前のとおりの、振り幅の大きい変光星です。

COLUMN

くじら座の絵に描かれているもの

　ヨーロッパの古星図におけるくじら座の星座絵を見ると、前足があり、ゴジラとアシカを足して2で割ったような絵が描かれています。大蛇のようなもの、どう見てもゾウアザラシのもの、犬っぽいものなどバラエティ豊かです。しかしいずれも、私たちの知っているクジラ（鯨）の姿ではありません。

　くじら座の星座絵に描かれているのは、アンドロメダ伝説に出てくる海の怪物です。ギリシャ語では**ケトス**で、「海獣、海の怪物」といった意味です。

　この怪物の姿形については、詩人オウィディウスの『変身物語』中に、「カキ（牡蠣）に覆われた背中」「魚のようなお尻、肩（腕？）がある」という表現くらいで、あまり詳しい描写はありません。古代ギリシャ時代のアンフォラ（壺の一種）の絵に前半分だけ描かれていますが、ワニのような頭に背びれが付いています。また、ファルネーゼの天球儀では、大ウミヘビのような姿です。

　ギリシャ・ローマでは「海の怪物座」だったくじら座ですが、英訳時にはWhale（クジラ）とされました。それが和訳されて、日本ではくじら座になりました。

　なおゴルゴーン姉妹の母「ケト」は、やはり「海の怪物」という意味の名前ですが、くじら座の海の怪物とは別物で半人半魚の姿の女神です。

アルレシャ（うお座α星）

Alrescha

スペクトル型	距　離	絶対等級	実視等級
Data: A0+A2	151光年	0.5	3.8

　うお座はペガススの四辺形のすぐ南（下）にある、2匹の魚をリボンで結んだ形の星座です。古代メソポタミアの時代からリボンと魚の形で知られている古い星座ですが、4等星以下の暗い星ばかりで、街中ではまったく見えません。

　2匹の魚を結ぶリボンのつなぎ目にあるうお座α星は、『アルマゲスト』では「2つのひもの結び目にある星」という、見た目のとおりの名前が付いています。『星座の書』でも「2匹の魚をつなぐ結び目上の星」と、そのまま訳されていました。

　しかし、現在使われているα星の固有名「**アルレシャ** Alrescha」は、「結び目」ではなくて、アラビア語の「アッリシャー」（**ひも**）からきた名前です。このアッリシャーとは、もともとアンドロメダ座β星のところにあるアラビアの星宿の名前です。この星宿の名前が、誤ってうお座α星に付けられたと考えられています。なおアンドロメダ座β星には、「**ミラク** Mirach」（**帯、腰布**）という『アルマゲスト』で使われた名前が付いています。

　中国では、「外屏」（門の外側にある樹木の垣根）という星座の外屏七という星名です。

114

第5章　秋の星座の星たち

シェラタン（おひつじ座β星）

Sheratan

スペクトル型	距　　離	絶対等級	実視等級
Data: A5V	59光年	1.3	2.6

　おひつじ座はうお座の東にある小さな星座ですが、紀元前2世紀頃に春分点（天の赤道と黄道の交点）があったため、白羊宮（おひつじ座）が黄道十二宮❶の始点となっていることで有名です。

　ギリシャ神話では、この羊は金毛の空を飛ぶ羊とされています。テッサリア王の子プリクソスとヘレは、生贄にされそうになったため、母が金毛の羊に乗せてコルキスへ逃がしました。途中で妹のヘレが海に落ちてしまいましたが、兄のプリクソスは無事にコルキスに到着しました。

　おひつじ座の頭にあるβ星は「**シェラタン**Sheratan」という固有名ですが、アラビア語で「**2つのしるし**」を意味するアッ＝シェラタインからきた名前です。これは、β星とすぐ横のγ星からなる星宿アッ＝シャラタインの名前がβ星に付けられたものです。β星の東側のおひつじ座α星は「**ハマル**Hamal」という固有名ですが、アラビア語で「**羊**」という意

---

❶　黄道（▶ p.19）を30°ずつ12分割した領域のことで、天体の位置を表す基準として使われていました。各領域には12星座が対応します。

115

味です。

　おひつじ座は、メソポタミアでは「雇い夫」という星座でした。シェラタンとハマルも、それぞれ「雇い夫の頭の前の星」「雇い夫の頭の後ろの星」という名前が付いていました。

　黄道十二星座は、だいたいメソポタミアのものがそのままギリシャに伝わっているのですが、おひつじ座だけは、どこがどう間違って雇い夫が羊になったのか、とても謎のある星座です。

　インドでは、β星シェラタンとγ星（固有名「**メサルティム Mesarthim**」）でアシュヴィニーという星宿になっています。アシュヴィニーは、インド神話で救済の神アシュヴィン双神に関連した星宿といわれています。中国では二十八宿の1つ「婁宿」であり、シェラタンは距星となっています。

第5章　秋の星座の星たち

サダルメリク（みずがめ座α星）

Sadalmelik

	スペクトル型	距　　離	絶対等級	実視等級
Data:	G2 I	524光年	−3.0	3.0

　ペガスス座とみなみのうお座の間の広い空間にあるのが、黄道星座のみずがめ座です。大きい星座ですが、暗い星が均等に散らばっている感じで大変探しにくい星座です。

　みずがめ座は、メソポタミアでは「大いなるもの」という名前の星座でしたが、ギリシャではネクタル（神酒）が入った水がめを持つトロイアの王子ガニュメーデスに見立てられています。水がめを持つ人の肩のあたりにあるα星の固有名「**サダルメリク**Sadalmelik」は、アラビア語で「**王の幸運**」を意味するサド・アル＝マリクからきています。「王の幸運」はα星付近にある、アラビア独自の星座です。

　アラビアではペガスス座の南から、みずがめ座、やぎ座にかけて、名前に「幸運（Auspice）」が付いた小さな星座が多数存在していました。「毛皮のテントの幸運」「貪欲な幸運」（以上、みずがめ座）、「散らばる幸運」（やぎ座）、「野心家の幸運」「羊の幸運」（以上、ペガスス座）などです。

　サダルメリクは、中国では二十八宿の1つ「危宿」の距星です。少し西にあるβ星（固有名「**サダルスウド**Sadalsuud」、幸運の中の幸運）は、同じく虚宿の距星になっています。

117

ダビー（やぎ座 β^1 星）

Dabih

スペクトル型	距　　離	絶対等級	実視等級
Data: F8V＋A0	330光年	−1.9	3.1

　みずがめ座の東側にある、逆三角形の星の並びがやぎ座
です。やぎ座は3等星以下の星ばかりで、目立つ星がなく探
しにくい星座です。このヤギは下半身が魚になっています
が、古代メソポタミアでは「山羊魚」という星座でした。知
恵と水の神エアの姿ですが、ギリシャでは牧神パーンが魚
に化けそこなった姿という話になっています。

　やぎ座β星は古代メソポタミアで「山羊魚の角」という名
で呼ばれていましたが、ギリシャでも「（ヤギの）角の3星の
南星」というほぼ同じ名前になっています。メソポタミアの
星座の形が、そのままギリシャに伝わっているのがわかり
ます。

　アラビアでは、やぎ座α星とβ星からなる星宿サド・アッ＝
ザービフ（**屠殺者の幸運の星**）からきた**ダビー**Dabihという
名で呼ばれ、これが固有名になっています。サド・アッ＝ザ
ービフは、サダルメリクのところで紹介した「幸運」シリー
ズのアラビア星座の1つです。アラビアでの屠殺者は、神へ
の捧げものとして動物を殺す役割で、重要な仕事でした。

またダビーの隣にあるα星は、アラビア語で**やぎ座**を意味するアル=ジャディからきた「**アルゲディ** Algedi」という固有名が付いています。

ダビーは、中国では二十八宿の1つ「牛宿」の距星になっています。

第 6 章

冬の星座の星たち

　冬は空気が乾き、日が沈むのも早いため、星が見やすい季節です。また、明るい星からなる星座も多いので、少し寒いですが天体観測には最適でしょう。
　この章では、冬に観察しやすい星座について、12個の恒星と1団の星団の名前を紹介します。

プレアデス星団（M45）

Pleiades

スペクトル型	距　　離	絶対等級	実視等級
Data: B7Ⅲ〜B8V	443光年	−4.1	1.6

　初冬の南の空高く見えるおうし座のプレアデス星団
Pleiadesは、日本でも「すばる」と呼ばれて太古から親しま
れてきました。肉眼では6〜8個ほどの暗い星がぎゅっと集
まって、キラキラと光る小さい雲のように見えます。その正
体はM45という散開星団（▶p.50）で、距離約440光年のと
ころに100〜200個の若い星が集まっています。

　見た目は、これ以上ないくらい不思議な感じがする天体
なので、プレアデス星団だけで1冊の本が書けるくらい、世
界中でいろいろな神話や呼び名が伝わっています。

　古代メソポタミアでは「ムル・ムル」（星々）という名前の
星座で、別名「七」ともいいました。星印を7つ集めた記号
がプレアデス星団を表しています。

　プレアデス星団は、ヨーロッパではSeven Sisters（セブン シスターズ）と呼ば
れています。「プレアデス」はホメロスの古典に登場する古
い呼び名で、ギリシャ神話では、巨人アトラスとニンフ❶プ
レイオネの間に生まれた**7人の娘たち**を指します。

---

❶　ギリシャ神話に登場する下級の女神、精霊です。

プレアデス7人姉妹は、マイア、エレクトラ、タイゲタ、ステロペ、ケレーノ、アルキオネ、メローペです。7人姉妹は母プレイオネと旅をしているとき、巨人オリオン（ ▶ p.135）に見初められて追いかけられ、困っていました。それを見た大神ゼウスが、7人姉妹を助けるために星にしたといいます。しかし実際のプレアデス星団は、6個の星しかはっきり見えません。1個（1人）足りないのは、息子ダルダロスが築いたトロイアの町が滅びるのを見て悲しんだエレクトラが消えてしまったから、などといわれています。

オーストラリアの先住民アボリジニも、プレアデス星団を7人姉妹とみています。プレアデス星団は、オーストラリアでは「マガラ」、または「マイマイ」と呼ばれていました。ある部族の男性がプレアデスの7人姉妹に恋をして、追いかけました。姉妹は空に逃げましたが、男性も空に昇って追いかけています。この男性はオリオン（座）だとされています。

アラビアでは、プレアデス星団を「スラーヤthuraya」と呼んでいました。スラーヤは「沢山の小さなもの」といった意味で、アラビアの星宿の1つです。「スラーヤの右手」「スラーヤの左手」という大きなアラビア星座の中央に位置します。スラーヤの右手は、ペルセウス座を縦断してカシオペヤ座まで含まれます。別名「ヘナ染めの手」といわれ、ヘナという幸運のハーブで指を染めた女性の腕の星座です（ ▶ p.94）。スラーヤの左手は右手より少し短く、おひつじ座を通って、くじら座δ星付近までのびています。

タイではプレアデス星団は、「ダオ・ロオク・ガイ」(7羽の
ひよこ星) といいます。料理される母鳥のあとを追って鍋に
飛び込んだ7羽のひよこたちが、釈迦によって天に上げられ
た姿といわれています。

　アルゼンチンには、7匹のヤギの話が伝わっています。あ
る男が聖ペテロに、7匹のヤギのうち太った1匹を隠して残
りを売ろうとしました。しかし聖ペテロはこれを見抜いて、
男を懲らしめるために7匹のヤギを空に上げたものがプレ
アデス星団だといいます。男が隠したヤギは他のヤギより
も暗く見えるそうです。

　アメリカ先住民 (インディアン) は、この星団を「ディリ
エ」という名で呼びました。チェロキー族などの伝説では、
大人に叱られた7人の子どもたちが、手をつないで踊りなが
ら空に昇っていった姿だといいます。1人だけ母親につかま
って地面に落ちた子がいて、ディリエは6星なのだといいま
す。また、オロンガ族の伝承では、7人のうち1人が酋長の
父親が呼ぶ声に振り返ったため、他の星よりも暗くなった
のだそうです。

　インドの神話では、この星団は7人の聖仙 (仙人) の6人
の妻だといいます。あるときスワハ女神が、7聖仙 (北斗七
星) の妻たちに化けて火の神アグニを誘惑しました。それを
見た6人の聖仙は、怒って妻を離縁し、気の毒な6人の妻た
ちはプレアデス星団になりました。ヴァシシュタ聖仙だけ
は妻を信じたので、彼の妻はアルコルAlcor (▶ p.36) として

今も夫の隣で輝いているそうです。

　プレアデス星団の和名「**すばる**」は、平安時代の清少納言による随筆『枕草子』第236段の冒頭に「星はすばる……」と登場することなどから、広く知られています。「すばる」とは、古代の『記紀』『万葉集』❶に記されている神の宝珠「**スマルの玉**」からきた呼び名といわれています。スマルとは「統まる」のことで、「玉を集める」といった意味と考えられます。

　すばる以外の和名も大変多く、ムツラボシ（六連星、東日本）、ムリブシ（南西諸島）、ナナツレブシ（七連星、鹿児島）、カタマリボシ（神奈川）、ムラガリボシ（群がり星、静岡等）、クシャクシャボシ（愛知）、ゴチャゴチャボシ（三重・兵庫他）、マルカリボシ（和歌山）、ザルコボシ（笊こ星、宮城）、ミソコシボシ（味噌漉し星、壱岐）、ハゴイタボシ（羽子板星、奈良等）、ブドーのホシサン（葡萄の星さん、富山）、ツチボシ（鎚星、千葉・長野他）、ロクヨウセイ（六曜星、埼玉）、ソーダンボシ（相談星、富山等）、オクサボシ（お草星、岩手）、ススキボシ（芒星、岐阜）、ムジナ（青森等）などがあります。

　アイヌの言葉では、プレアデス星団はアルワンノチウ（怠け星）といいます。怠け者の7人の娘が、仕事をしろと怒る男から舟に乗って逃げている姿です。娘のうち1人は自分の

---

❶　『記紀』は『古事記』『日本書記』の総称で、いずれも奈良時代に成立した歴史書です。なお、現存する日本最古の歌集『万葉集』も奈良時代に成立しました。

行いを恥じて暗くなってしまい、今は星が6個しか見えない
のだそうです。

　中国では、プレアデス星団は二十八宿の1つ「昴宿」です。
インドでも星宿の1つになっていて、「クリティッカー」とい
います。

COLUMN

タネ神とプレアデス星団

　これは南太平洋、南クック諸島のマンガイア島に伝わる
伝説[1]です。

　昔、プレアデス星団 (マオリ語では「マタリキ」「アオカ
イ」) は1個の星でした。しかし、その明るさにタネ神[2]が嫉
妬して、何とかしようとアルデバラン (「タウマタ・クク」)、
シリウス (「タクルア」) と一緒にプレアデス星団を追いかけ
ました。プレアデス星団は天の川の後ろに隠れましたが、シ
リウスが天の川の水を外に出したので、プレアデス星団は
タネ神に見つかってしまいました。タネ神がアルデバラン
をプレアデス星団に投げつけたので、プレアデス星団は今
のようにばらばらになってしまいました。

---

[1] 大林太良『銀河の道、虹の架け橋』(小学館、1999 年) によりました。
[2] マオリ神話の神で、タネ・マフタともいいます。大地である母パパトゥアヌクと天で
ある父ランギヌイを、足で持ち上げて引き離したといいます。

126

第6章　冬の星座の星たち

アルデバラン（おうし座α星）

Aldebaran

	スペクトル型	距　　離	絶対等級	実視等級
Data:	K5Ⅲ	67光年	−0.7	0.9

　おうし座は冬星座の第一弾として、牛（おうし座）の背中にあるプレアデス星団とともに東天に昇ります。おうし座は大変古い星座で、メソポタミアでは「天の牡牛」と呼ばれていました。

　おうし座の目のところにある赤い星が、1等星のアルデバランAldebaran（おうし座α星）です。アルデバランの周辺の、牛の顔のように見える部分の星々は**ヒアデス星団**Hyades（▶ p.129）と呼ばれる散開星団です。ふっくらしたV字形に星が並んでいるので、ツリガネボシ（釣鐘星、静岡等）などの和名があります。アイヌでは、天の川の魚をとるウライ（V字型に杭を打ち、網に魚を追い込む仕掛け）とみてウライノチウと呼んでいます。

　アルデバランは、『アルマゲスト』では「南の目の上で赤いヒアデスの輝星」と記されており、特に名前は付いていません。

　アラビアではアッ=ダバラーン（**追いかける者**）という名で呼ばれており、星宿の名前にもなっています。「プレアデス星団のあとを追いかける星」という意味です。これはプレ

127

アデス星団のすぐあとから昇ってくるためで、固有名のアルデバランAldebaranはこのアラビアの星名からきています。

日本でも、スマルノアトボシ（すまるの後星）という似た意味の和名が各地に伝わっています。また、キンボシ、アズキボシ（小豆星）という、アルデバランの赤っぽい色からきた和名もあります。

アルデバランはまた、西海岸のアメリカ先住民にはコヨーテ（狼）、ハワイではホクーア（赤い星）、ニュージーランドのマオリ族にはタウマタ・クク（頂きの鳩）と呼ばれています。

COLUMN

ヒアデスと雨

おうし座の顔の部分にあたるヒアデス星団は、約150光年の距離に数十個の若い星が集まっている散開星団です。肉眼では、V字型に6、7個の星が並んで見えます。

ギリシャ神話ではヒアデスは、プレアデスと同じくアトラスとプレイオネの間の娘たちで、7人姉妹（または5人姉妹）といわれています。ヒアデス姉妹は、大神ゼウスとテーバイの王女セメレーとの子ディオニュソスを養育し、その功績によりゼウスが姉妹を空に上げました。また、兄弟のヒュアースの死を悲しんで、姉妹で天に昇って星になったという話もあります。

「ヒアデス」は「雨を降らす女」といった意味で、ギリシャ語の「ヒュエイン」（**雨を降らす**）からきた名前です。古代ローマの詩人ヴェルギリウスは「雨のヒアデス」と詠い、歴史家プリニウスは「嵐を起こす星」と表現しています。雨の星である理由は、ヒアデスの位置に太陽がくる頃に雨期が始まるから、などといわれていますが、ギリシャの雨期は冬なので少し違うような気がします。というわけで、ヒアデスという名前が付けられた理由はよくわかっていません。

ヒアデスは星宿になっており、中国では畢宿、インドではローヒニーといいます。面白いことに中国でも畢宿は雨と関係があり、月が畢にかかると雨になるという言い伝えが

あります。このことから、畢の和名はアメフリ（雨降り）といいます。

　インドの星宿の1つ「ローヒニー」は、聖仙ダグシャの27人の娘の1人です。ダグシャの娘たち（27の星宿）は全員が月神ソーマの妻なのですが、ローヒニーは最もソーマに愛された妻といわれています。こちらは雨には関係ないようです。

第6章　冬の星座の星たち

カペラ（ぎょしゃ座α星）

Capella

スペクトル型	距　　離	絶対等級	実視等級
Data: G5Ⅲ＋G0Ⅲ	43光年	−0.5	0.1

　冬の夜空で頭の真上近くに見える黄色っぽい1等星が、ぎょしゃ座のα星カペラCapellaです。ラテン語のCapra（**雌ヤギ**）からきた名前で、『アルマゲスト』でも「左肩でカペラと呼ばれる星」と記されている古い名前です。

　星座絵でも、カペラのところにはヒゲの男性が抱いている子ヤギが描かれています。この人物はギリシャ神話では、伝説のアテネ王エリクトニウスであるとされています。足が不自由でしたが、4頭立ての戦車（戦闘用馬車）で戦場を駆けたといわれています。

　カペラには、アル・アイユーク（おしゃれな男性）というアラビア独自の名前があります。また、ハワイではホク・レイ（星の花輪）、アイヌではノシパクル・ノチウ（追いかけ星：怠け者星のプレアデスを追うから）と呼ばれていました。

　日本では、プレアデス星団より少しだけ早く昇ってくることからスマルノエーテボシ（スマルの相手星、長崎等）、サキボシ（新潟）、また昇ってくる方角からサドボシ（佐渡星、富山）、ノトボシ（能登星、京都）といった呼び名があります。

131

中国では、ぎょしゃ座は「五車」という星座で、カペラは五車二という名前です。五車とは、伝説の五帝の戦車用車庫のことで、ギリシャと同じく戦車に関係した星座になっています。

COLUMN

ぎょしゃ座の星座絵の変遷

　かわいい山羊（ヤギ）を抱いた優しそうなヒゲの男性の絵で知られるぎょしゃ（駁者／御者）座ですが、これは年月を経て変化していったものです。最初は、いかにも2輪戦車の勇ましい乗り手らしい星座絵だったのです。

　最も古い星座絵の1つ「ファルネーゼの天球儀」では、ムチを持った、ギリシャ風衣装の中腰の男性が描かれています。2世紀頃の「マインツの天球儀」❶でも同様の絵で、ヤギはいませんでした。

　それからしばらくして中世になると、当時人気だったアラトスの『ファイノメナ』の復刻本の挿絵で、ムチを持った若い男性の御者の左手（カペラの位置）に、ミニチュアのヤギが1〜2匹載っている図柄が主流になりました。戦車が一緒に描かれている絵もありました。

　中世には、アラビアでも星座絵がたくさん描かれました。アラビア版のぎょしゃ座は、ムチを持ったターバンの若い男性で、ヤギは描かれていません。

　ルネサンス時代には正確な星図が作られるようになり、リアルな絵の星座絵になりましたが、左手にヤギを抱き、ムチを持って立つ御者の図柄は変わりませんでした。

---

❶　マインツ（ドイツ）の博物館にレプリカが現存しています。

時代が下り絶対王政時代以降になると、ぎょしゃ座の絵は穏やかな方向に変わっていきます。中腰で戦車に乗るポーズではなく、(ムチは一応持っていますが) 正面を向いて座り、子ヤギをやさしく抱く男性という、今のものに近いぎょしゃ座が描かれるようになりました。特に、人気が高かったヨハン・ボーデ❶による星図『**ウラノグラフィア**』でこのタイプのぎょしゃ座の絵が採用されてからは、後発の星図はだいたい「山羊を愛でるヒゲの男性」の星座絵になりました。

　このヒゲの男性も時として高齢男性に描かれていたりするので、ますます元の戦車を駆るエリクトニウス王の設定とはちょっとずれたぎょしゃ座の絵になっていったのです。

❶　ドイツの天文学者で、「ウラヌス」(天王星 ▶ p.194) という名前を提案したことでも知られています。

第6章　冬の星座の星たち

ベテルギウス（オリオン座α星）

Betelgeuse

スペクトル型	距　　離	絶対等級	実視等級
Data: M1-2I	498光年	−5.4	0.5

　冬星座の代表といえるオリオン座は、2等級の**三つ星**（δ, ε, ζ）の上下に明るい星が2個ずつ（α, γとβ, κ）、リボンを縦にした形に並ぶわかりやすい星座です。初めて星を見る人でも簡単に探し出すことができるでしょう。

　オリオン座は最も古いギリシャ星座の1つです。ホメロスの古典『イリアス』『オデュッセイア』に出てくる西洋星座は3つだけですが、その1つがオリオン座です（残り2つはおおぐま座とうしかい座で、他にプレアデスとヒアデスも登場します）。

　オリオンは海神ポセイドンの息子の狩人で、巨人で力持ちの美男子だったといわれています。地上で自分に敵うものはいないと自慢話をしたため、オリオンを懲らしめるために大地の女神ガイア（またはヘラ）が放ったサソリに刺殺され、星座になりました。

　オリオン座はメソポタミアでは、「アヌの真の羊飼い」という星座でした。アヌは天空神なので、天の羊飼いということです。古代エジプトでは、オリオン座は古くから知られており、「サフ」という星座でした。サフはオリオン座を神格

135

化した神で、女神ソプデト（シリウスのこと）が妻だといわれています。

オリオン座のα星ベテルギウスBetelgeuseは、オリオン（座）の肩に輝く赤い1等星です。古代ギリシャでは特に名前がなかったようで、『アルマゲスト』では「右肩にある赤い輝星」と記されています。

アラビアでは、ベテルギウスは「**ジャウザーの手**」という意味のヤド・アル・ジャウザーと呼ばれていました。ジャウザーとは何かというと、オリオン座を表すアラビア独自の星座で、女性の名前です。アル・ジャウザーは「中央にあるもの」という意味で、ベテルギウスの北西（右上）にあるλ星付近が頭になり、三つ星が真珠のベルト、おうし座の方に結んだ髪がなびいており、2つの足のせ台の上に座って弓を持っている、とされています。

スーフィの『星座の書』では、オリオン座は「巨人・強き者」といった意味の「アル・ジャバー」という星座名になりましたが、アル・ジャバーとともにアル・ジャウザーの名も並べて書かれています。星座絵は剣を持った男性の絵で、アル・ジャバーの方になります。

「ベテルギウス」はこのヤド・アル・ジャウザーが訛った名前とされてきましたが、それにしてはどうにも音が違いすぎます。一番もっともらしい説は、冒頭の「ヤド」のアラビア語を、点を1つ少なく書き間違えたものが伝わったとする説です。すると、ヤドはバドになります。また後半のジャウ

第6章　冬の星座の星たち

ザーは、方言でギャウザーと発音される場合があるそうです。その2つが重なるとバドアルギャウザーとなり、この語が「ベテルギウス」の語源ではないかと考えられます。

ベテルギウスは同じオリオン座のβ星リゲルRigelとペアで、**平家星・源氏星**（ヘイケボシ・ゲンジボシ）という和名（岐阜）があります。これは赤いベテルギウスと白いリゲルを、源平合戦（治承・寿永の乱）における平家の赤旗と源氏の白旗になぞらえた名前と考えられています。逆に、ベテルギウスが源氏星、リゲルが平家星であるとする報告もあります。どちらのパターンも伝わっていた可能性があるので、ベテルギウスとリゲルのペアで源氏星・平家星としておきたいと思います。

ベテルギウスは、インドではナクシャトラ（星宿）のアールドラ、中国では参宿の4番目の星として参宿四という星名です。

リゲル（オリオン座β星）

Rigel

スペクトル型	距　離	絶対等級	実視等級
Data:　B8I	863光年	−7.0	0.1

　オリオン（座）の左足のところに光る白い星が、もう1個の1等星リゲルRigel（オリオン座β星）です。『アルマゲスト』では、「水と共通の左足の端の輝星」と記されています。この「水」は、オリオン座の西にある川の星座「エリダヌス座」（▶ p.163）のことです。

　アラビアでは「**ジャウザーの足**」を意味するリジュル・アル＝ジャウザーと呼ばれており、リゲルの固有名はこの語の前半部分からきています。

　リゲルは、ニュージーランドのマオリ族の間ではプアンガと呼ばれ、新年の始まりを示す星でした。日本では、三つ星の横で銀色に輝くことからギンワキ（銀脇、滋賀）、霜が降りる頃に東天に見えることからシモフリボシ（霜降り星、岐阜）という呼び名が伝わっています。

　リゲルは中国では、参宿の6番目の星という意味の参宿六という名前です。

第6章　冬の星座の星たち

ベラトリクス（オリオン座γ星）

Bellatrix

スペクトル型	距　　離	絶対等級	実視等級
Data: B2Ⅲ	252光年	−2.8	1.6

　オリオン座のα星ベテルギウスの反対側、オリオンの左肩
にある2等星（オリオン座γ星）の固有名はベラトリクス
Bellatrixです。2等星といっても1.64等ですので、1等星に
近い明るさです。

　「ベラトリクス」はラテン語で「**女戦士**」という意味です。し
かし、このちょっとカッコいいベラトリクスという名は、も
とはぎょしゃ座のα星カペラに付けられた名前でした。それ
が、どうしてオリオン座γ星の名前になったのかというと、
中世の占星術書でオリオン座を「ベラトールBellator」（**男性
の戦士**）と呼んでいたため、間違えられたのではないかとい
うことです。オリオン座を戦士と呼ぶのは、オリオン座のア
ラビア名「アル・ジャバー」（巨人、強き者、制圧者など）か
らきたのかもしれません。

　ベラトリクスは中国では、参宿五という名前が付いてい
ます。

139

サイフ（オリオン座κ星）

Saiph

スペクトル型	距　　離	絶対等級	実視等級
Data:　B0.5Ⅰ	647光年	−4.4	2.1

　オリオン（座）の左足にあたる2等星（オリオン座κ星）は、サイフSaiphという固有名を持ちます。アラビア語で「**巨人の剣**」を意味するサイフ・アル・ジャバーを略した名前です。しかしこのκ星は、『アルマゲスト』と『星座の書』の両方で「東にある右膝の下にある星」という名前で載っており、剣とは関係がありません。

　「巨人の剣」を示す名が付いている星は実は別にあり、η星、θ星、ι星などのκ星サイフより少し北寄りの星々です。これらの星々は星座絵では、オリオンが腰に下げている剣を形づくっています。つまりサイフは、「**オリオンの剣**」を形づくる星々の名が、間違えてκ星に付けられたものだと考えられています。

　サイフは中国では、参宿七という名前が付いています。

第6章　冬の星座の星たち

ミンタカ（オリオン座δ星）

Mintaka

スペクトル型	距　　離	絶対等級	実視等級
Data: O9.5Ⅱ+B2V	692光年	−4.4	2.2

　オリオン座の真ん中部分に2等星が3個並ぶ三つ星は、明るい星が多い冬の星座でもよく目立ちます。この三つ星の並びは、ヨーロッパでは、「ヤコブの杖」や「黄金のヤード」（帆船の帆をはる横棒）などと呼ばれていました。アメリカの先住民には「冷たい風のカヌー（▶p.144）」（ワスコ族）、「鶴と小鶴たち」（ヨクツ族）、ポリネシアのマオリにはタウトル（「3人の友」）と呼ばれており、日本でもミツボシサン、サンボシサンの呼び名が伝わっています。

　この三つ星の西の端にあるのが、オリオン座のδ星ミンタカMintakaです。ミンタカは『アルマゲスト』では、「帯にある3星の西星」という名前でした。ミンタカは、アラビア語で「**ジャウザーの帯**」を意味するミンタカト・アル・ジャウザーからきた名前です。もともとは3星（δ, ε, ζ）の三つ星全体の名前だったものが、δ星の名前になったと考えられます。

　また、三つ星の真ん中のε星**アルニラム**Alnilamは、アラビア語の「**真珠のひも**」を意味するアル・ニザムからきた名前です。3星の東端のζ星**アルニタク**Alnitakは、ミンタカと

141

同じく「**ジャウザーの帯**」を意味するニタク・アル・ジャゥザーというアラビア語がもとになっています。

　オリオン座の三つ星は、中国では二十八宿の1つ「参宿」の中心にあたります。ミンタカは参宿三、アルニラムは参宿二、アルニタクは参宿一という名前です。

第6章 冬の星座の星たち

COLUMN

✦

小三つ星とオリオン大星雲

オリオン (座) のベルト (三つ星 δ, ε, ζ) の少し南 (下) に、縦に並んだ小さな3個の星があります。これらオリオン座45番星、θ星、ι星からなる暗くて小さい3個の星を、日本では「**小三つ星**」と呼んでいました。その中央のθ星は、ぼんやりにじんだように見えます。ここにあるのがオリオン大星雲 (M42) です。オリオン大星雲は、地球から約1300光年の距離にあるガスでできた**散光星雲❶**です。中心にある若い星の集団が周囲のガスを光らせています。

　小三つ星はオリオンが腰から下げている剣にあたり、ギリシャではそれぞれ「剣の先に集まった3星の北星」「その中央星」「その南星」という名前が付けられていました。この小三つ星を剣とみる表現は、アラビアにも伝わっています。

　オーストラリア・グルート島のアボリジニは、オリオン座の三つ星を「3人の漁師」、小三つ星を「漁火と魚」とみています。漁師たちの妻はプレアデス星団です。

　日本では小三つ星の他に、ヨコミツボシ (横三つ星、静岡)、インキョボシ (隠居星、静岡)、ボンテンボシ (青森) などの呼び名があります。また、三つ星と小三つ星を合わせてムツ

---

❶ ガスや微粒子などが密に分布した部分を**星間雲**といい、特に密度が高い星間雲が恒星の光を受けて輝くと、**散光星雲**として認められます。

ラ（六連、東日本）と呼ぶこともあります。

冷たい風とチヌークの風

これは北米先住民のワスコ族に伝わる物語[1]です。

昔、コロムビア川の有名なサケ漁師に3人の孫がいました。中でも「チヌークの風」[2]という子は強く、祖父の自慢でした。あるとき、「チヌークの風」たちはカヌーで遠くまで旅に出ました。その間、釣りが上手な祖父は多くのサケを釣り、部族に持ち帰っていました。「冷たい風」という漁師も川でサケを釣ろうとしましたが、いつも魚がとれる時刻より遅く来るので全然釣れませんでした。やがて魚がとれない「冷たい風」は毎日、祖父から魚を盗むようになりました。しばらくして「チヌークの風」が旅から帰り、その話を聞くと大変怒って、「冷たい風」に魚を祖父に返すようせまりました。しかし「冷たい風」はそれを拒否したので、2人は喧嘩になり、激しい戦いの末に「チヌークの風」が勝利しました。「チヌークの風」はサケをとり返し、「冷たい風」は東に追放されました。

今でも空に、「チヌークの風」と2人の兄弟が天の川でカヌーを漕いでいるのを見ることができます。オリオン座の

---

[1] Jean Guard Monroe and Ray A.Williamson, *They Dance in the Sky*（Houghton Mifflin Harcourt, 1987）によりました。

[2] チヌークの風は、北米内陸においてフェーン現象で山から吹き下ろす温かい西風のことです。冬の冷気を吹きはらい、雪解けをうながす風です。

小三つ星がその姿です。また、大きい三つ星は「冷たい風」のカヌーだといわれています。

シリウス（おおいぬ座α星）

Sirius

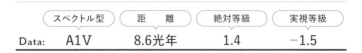

Data: スペクトル型 A1V　距離 8.6光年　絶対等級 1.4　実視等級 −1.5

　オリオン座の三つ星を東（左）にそのまま伸ばしていくと、とても明るい白い星にぶつかります。これが全天で一番明るい恒星、おおいぬ座のα星シリウスSiriusです。おおいぬ座の犬は、オリオンが連れている猟犬という説、イカリオスの愛犬マイラという説（▶p.154）、狙った獲物は必ずしとめる猟犬ライラプスとする説など多くの伝承があり、正体がはっきりしません。

「シリウス」は、ギリシャ語の「**輝くもの、焼き焦がすもの**」という意味の「セイリオス」をラテン語にした名前です。群を抜く明るさから付けられた名前のように思えますが、実はギリシャやローマでは、大地を焼き焦がす「**干ばつを招く星**」とされてきたのです。

　古代ローマでは、シリウスは「犬の星」と呼ばれ、昼間にシリウスが昇るとその熱で日照りが起きると信じられていました。それに関係してヨーロッパでは、真夏の猛暑の時期をドッグ・デイズと呼んでいました。

第6章　冬の星座の星たち

　中国でも、シリウスは古くから「天狼」と呼ばれ、『晋書』
天文志❶によると盗賊の首領とされ、不吉な星でした。シリ
ウスの見え方で、盗賊の活動の状況を占ったといわれてい
ます。

　一方、古代エジプトでは、シリウスは「ソプデト」と呼ば
れ、女神イシスを表す星でした。シリウスが太陽とともに昇
る時期に、ナイル川が増水して豊かな土壌をもたらすため、
シリウスはエジプトの人々からとても好かれていました。ま
たペルシャでも、シリウスは「ティシュトリヤ」（▶ p.150）と
呼ばれ、雨を降らせる恵みの神でした。ペルシャ神話では、
ティシュトリヤは干ばつを招く悪神たちと戦います。

　メソポタミアでは、おおいぬ座付近はシュメール語で「カ
クシサ」といい、戦神ニヌルタの矢を意味する「矢」という
星座でした。弓は少し北のこいぬ座付近にあります。（偶然
ですが、中国でもおおいぬ座すぐ東に「弧矢」という弓矢の
星座があります。）

　アラビアでは、シリウスは呼び名が複数あって、『星座の
書』では、アル＝カブ（犬）、アッ＝シウラー・アル＝ヤマーニ
ヤ（南のシリウス）、アル＝アイユーク（おしゃれな男性）と
3つが併記されています。前の2つは、シリウスのギリシャ
名と通称が翻訳されたものでしょう。最後のアイユークは、

───────────────────────────────

❶ 『晋書』は全130巻からなる歴史書です。第11〜30巻が「志」と呼ばれるパートで、
　そのうちの第11〜13巻（志第1〜3）が「天文志」です。

147

ぎょしゃ座のカペラと同じ呼び名ですから、混同したものかもしれません。

　シリウスともなると和名も数多く伝わっており、アオボシ（青星、東北・北海道）、三星の後から昇るからサンコウノアトボシ（三光の後星、宮城等）、三つ星・小三つ星の後から昇るからムツラノアトボシ（六連の後星、岩手等）、オノホシ（京都・福井他）、オーボシ（大星、兵庫等）、昇るとイカ漁の旬になるからイカビキボシ（烏賊引き星、兵庫）、見えると雪の季節になるからユキボシ（雪星、埼玉）、3人坊主（三つ星）に比べて明るいからヒカリボウズ（光坊主、長崎）などがあります。

第6章　冬の星座の星たち

ミルザム（おおいぬ座β星）

Mirzam

スペクトル型	距　　離	絶対等級	実視等級
Data: B1Ⅱ-Ⅲ	493光年	−3.9	2.0

　おおいぬ座のα星シリウスのすぐ西側（右）にある2等星が、β星ミルザムMirzamです。おおいぬ座の前足の付け根にあたります。『アルマゲスト』では「前足の端にある星」と記され、中国では「軍市一」（軍隊中の市場）という名前でした。「ミルザム」はアラビア独自の星名です。

　スーフィの『星座の書』では、「前足の端のある星」という名前とともに「アル・ミルザム」と記されています。ミルザムは**前ぶれ、預言者**といった意味ですが、この星名がどういった理由で付けられたのかは不明です。もしかすると、シリウスが地平線から昇る直前に、ミルザムが前ぶれとして地平線に姿を見せるからかもしれません。

149

COLUMN

ペルシャの創生神話

　ペルシャ（今のイラン）は、東西からさまざまな宗教や文化が流入してきた地域です。これは、そこに古くから伝わる神話[1]です。

　昔むかし、闇の魔王アハリマンと光の神アフラ・マズダーは長い間、戦いを続けていました。アフラ・マズダーは、いったん勝利した隙に世界を創造しました。まず空が創られて648万の星の戦士がおかれ、次に月と太陽、その後に水、大地、植物、牡牛、最後に人間が創られました。

　太陽が牡羊座に入ると、倒れていた悪神アハリマンが動き出し、毒の生物たちと攻めてきたので、アフラ・マズダーは戦士**ティシュトリヤ**を送りました。ティシュトリヤは白馬に変身してアハリマンの軍勢と戦い、最後に雨を降らせて悪の生物たちは撲滅されました。大地は7つの州に分かれ、外を囲むウォルカシャ海には霊木サエーナの木と長寿の霊薬ができる白ホームの木が生えました。そこから、さまざまな動物たちが生まれました。

　ティシュトリヤは雨と慈愛の神で、シリウス星のことだと考えられています。

---

[1]　岡田恵美子『ペルシャの神話』（筑摩書房、2023年）他によりました。

第6章 冬の星座の星たち

プロキオン（こいぬ座α星）

Procyon

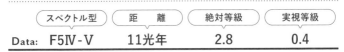

Data: F5Ⅳ-V　11光年　2.8　0.4

　シリウス（おおいぬ座α星）の少し北にある、明るい星が**プロキオン**Procyon（こいぬ座α星）です。冬の星空は1等星が多くて混乱しますが、プロキオンは、シリウスとベテルギウス（オリオン座α星）とで正三角形（**冬の大三角形**）をつくっているのが目印になります。プロキオンのすぐ西隣に3等星がくっついています。目立つ星が2星だけの、この小さい星座がこいぬ座です。

　こいぬ座については、オリオンの猟犬、イカリオスの猟犬（▶p.154）などの説がありますが、よくいわれる話はアクタイオンの猟犬というものです。

　狩人アクタイオンは、猟犬を連れた狩りの途中に、偶然に狩りの女神アルテミスの水浴を見てしまいました。怒ったアルテミスは、アクタイオンを1頭の鹿に変えてしまいました。するとアクタイオンの猟犬たちは、鹿を主人とは知らずに追い、かみ殺してしまったのです。こいぬ座は、主人を待ち続ける猟犬の1匹が天に上げられた姿なのだそうです。

　プロキオンはギリシャ語で「**犬の前**」という意味で、「犬の星」シリウスの前に東の地平線から昇ってくるので、この名

前が付けられました。『アルマゲスト』では、「プロキオンと呼ばれる後ろの星」と記されています。こいぬ座の後ろ側、つまりプロキオンはこいぬ座の頭ではなく、尻尾の側の星なのです。

アラビアでは、こいぬ座は「ライオン」という大きな星座の「握りしめられた前足」という星座です。もう1本の「伸びた前足」は、ふたご座のカストル・ポルックス（▶ **p.156**）の2星です。

プロキオンはアラビアでは、「北のシリウス」という意味のアッ＝シウラー・アッ＝シャミーヤ、「泣きはらした瞳」という意味のアル・グマイサという2つの呼び名がありました。本物のシリウスが「南のシリウス」ですので、アラビアでもプロキオンとシリウスは対になっていたようです。

もう1つのアラビア名「アル・グマイサ」は、現在プロキオンの隣にあるβ星の固有名（**ゴメイサ**Gomeisa）になっています。ヨーロッパに伝わった際に、誤って隣のβ星に付けられたと思われます。

アル・グマイサの語源については、次のような伝説があります。その昔プロキオンには名前がなく、アル・アビュール（シリウス）とスハイル（カノープス、りゅうこつ座α星）と仲よしでした。あるとき、アル・アビュールとスハイルが天の川の向こうにいって遊ぼうと、天の川を渡りました。しかしプロキオンは渡れずに泣き出し、そのためアル・ゴメイサ（**泣きはらした瞳**）という名前が付いたということです。

β星のもともとのアラビア名は、おおいぬ座β星と同じくミルザムで「前ぶれ」といった意味です。

プロキオンは日本では、シロボシ（白星、富山等）、キタノイロシロ（北の色白、島根）などの呼び名が伝わっています。

マオリでは、プアンガホリと呼ばれていました。プアンガはオリオン座のリゲルのマオリ名で、「偽リゲル」といった意味です。

中国ではプロキオンは、「南河」という星座の3番目の星という意味で南河三という名前です。中国の黄河はモンゴルの近くで南北に分かれて流れており、東部で再び合流します。南河とは、その分かれた流れの南部分のことをいいます。

COLUMN

ギリシャワインの物語

　ギリシャは古くからワインの醸造（じょうぞう）が行われ、4000年の歴史があるといわれます。アッティカ地方には次のような神話が伝わっています。

　アッティカにイカリオスという領主がおり、マイラという犬を飼っていました。あるとき、酒の神ディオニュソスがアッティカ地方を訪れ、イカリオスとその娘エリゴネにとても厚くもてなされました。ディオニュソスはそのお礼に、イカリオスに葡萄（ぶどう）の苗木を贈り、ワインの造り方を教えたのです。

　イカリオスはワインを広めようと、造ったワインを近隣の人々にふるまいました。ところが、人々は初めてのお酒に酔ってびっくりして、毒を飲まされたと勘違いし、怒ってイカリオスを殺してしまったのです。

　父を探しにきた娘のエリゴネは、イカリオスの愛犬マイラの後についていくと、父の亡がらを見つけ、悲しみのあまり近くの木で首をつってしまいました。犬のマイラも傍で亡くなり、星座になったということです。

　ディオニュソスは2人の死を知って怒り、アッティカの人々に疫病などの罰を与えました。困ったアッティカの人々は、神託により2人を弔い（とむら）、葡萄の収穫のときに最初にとれた初穂を2人に捧げるようになりました。

犬のマイラの星座は、おおいぬ座、こいぬ座、シリウスなど諸説あります。また、イカリオスとエリゴネも、神々により天に上げられ、うしかい座とおとめ座になったという話もあります。

カストル（ふたご座α星）とポルックス（ふたご座β星）

Castor & Pollux

	スペクトル型	距　　離	絶対等級	実視等級
α星:	A1V＋A2V	51光年	0.6	1.6
β星:	K0Ⅲ	34光年	1.0	1.1

　冬から春にかけて、頭の真上近くに明るい星が2個並んでいるのが見つかります。西側のほんの少し暗い白い星がふたご座の2等星のカストルCastor（α星）、東側のオレンジの少し明るい方が1等星のポルックスPollux（β星）です。

　ふたご座はギリシャ神話によると、トロイア戦争などで活躍した**スパルタの双子の王子**カストルとポルックス（ギリシャ名は「ポリュデウケス」）の姿です。2人は「ディオスクロイ」（ゼウスの息子たち）と呼ばれ、古くから航海の守り神とされてきました。

　カストルとポルックスは、スパルタの王妃レダと白鳥に化けた大神ゼウスとの間の子とされています。兄カストルは人間でしたが、弟ポルックスは不死身でした。イーダス兄弟との牛争いでカストルは命を落としてしまいますが、ポルックスは兄との別れを悲しみ、ゼウスに頼んで一緒に星座にしてもらったといいます。

　ふたご座は、メソポタミアでも「大きな双子」という星座で、カストルは「前の双子星」、ポルックスは「後ろの双子

星」と呼ばれていました。この「大きな双子」がギリシャに伝わり、ふたご座になったと考えられています。

　北欧のアングロサクソン人の間では、2星は最高神オーディンが巨人スィアチを退治したあと、娘スカジをなぐさめるため天に投げ上げた目とされ、「スィアチの目」と呼ばれています。

　アラビアでは、「ライオン」を意味するアル＝アサドという独自の星座の一部で、2星あわせて「ライオンの伸びた前足」からきたアッ＝ジラーアという名前が付いています。アッ＝ジラーアはアラビアの星宿にもなっています。

　ポリネシアのハワイでは、カストルとポルックスはナ・マホエ（双子）と呼ばれ、ニュージーランドのマオリではファカアフ・オラ（命を吹き込む）とファカアフ・マテ（死を吹きだす？）という名前です。

　日本では、ニボシ（二星、静岡）、キンメギンメ（金目・銀目、岐阜）、朝に西へ沈むようになると旧正月がくることからモチクイボシ（岡山）などの呼び名が伝わっています。

　いずれもカストル・ポルックスの2星のペアに付けられた呼び名で、2個の明るい星が並んでいる様子は古代から人々に印象的だったようです。

　なお中国では、ふたご座の頭部は「北河」という星座で、カストルは北河二、ポルックスは北河三という名前です。北河とは黄河の流れが2つに分かれる部分で、北側の流れをいいます。

第 7 章
南半球の星座の星たち

　南半球の星座は日本（北半球）では見ることが難しく、一部しか見ることができません。そのため聞きなれない星座が多いかもしれません。
　この章では、南半球で観察しやすい星座について、6個の恒星の名前を紹介します。

カノープス（りゅうこつ座α星）

Canopus

スペクトル型	距　離	絶対等級	実視等級
Data: F0Ⅱ	309光年	−5.6	−0.7

　冬空でおおいぬ座のシリウスが真南にさしかかろうというとき、シリウスのはるか下方を見ると、真南の地平線近くに明るい星が見つかります。これが全天で2番目に明るい恒星、りゅうこつ座のα星カノープスCanopusです。1等星ですが、東京あたりでは地平線ギリギリにしか見えないため、**大気減光❶**によって暗めに見えます。南にいくほど見える位置が高くなって、見やすくなります。

　「りゅうこつ座」とは聞きなれない名前ですが、船の竜骨（構造材の一種）のことで、アルゴ船という大きな船の胴体部分を表す星座です。他に、とも座（船の後尾「艫」）、ほ座（帆船の「帆」）、らしんばん座（船用のコンパス「羅針盤」）が近くにあり、かつては、それらを合わせて**アルゴ座**（▶ **p.174**）という星座でした。

　「カノープス」という名前は、ギリシャ語の「カノボス」をラテン語化したものです。『アルマゲスト』にも「カノープスと呼ばれる舵にある2星の西星」と載っており、歴史ある

---

❶　大気の影響で星の見かけの明るさが暗くなる現象です。地平線付近では天頂付近に比べて大気の影響が大きくなります。

名前なのですが、由来がはっきりとはわかっていません。おそらくは人名からきたものと思われます。

カノープス（カノボス）という人物は、ギリシャ神話ではスパルタ王メネラオスの船の操舵手です。紀元前1世紀の作家コノンによる著作『物語』によると、カノープスは美形の男性で、トロイア戦争後にメネラオスの船が嵐でエジプトに流された際、上陸時に毒蛇に噛まれて亡くなりました。メネラオス王とヘレネー王妃は、カノープスをエジプトの地に埋葬して記念碑を建てました。

ナイル河の西の河口には、この操舵手カノープスから名前をとられた「カノープス（カノボス）」という町がありました。カノープス市の西20kmには、通商で栄えた学術都市アレクサンドリアがあり、カノープス運河で結ばれていました。

りゅうこつ座α星の名前は、りゅうこつ座が船の星座であることから、この**操舵手カノープス**からとられたという説があります。しかし、カノープスはトロイア戦争の物語の中ではかなりの端役なので、明るい1等星の名前になっているのは謎といえば謎です。カノープス市があったエジプトの影響ではないか？　という説もあります。

アラビアではカノープスは、「スハイル」という名前で呼ばれていました。スハイルは男性の名前で、今は「やさしい、順応性のある」といった意味を持つようですが、名前が付いた頃の意味ははっきりしません。スハイルの名はヨーロッ

パでも知られていて、ルネサンス期まではカノープスではなくスハイルと呼ばれていました。

日本では、千葉や神奈川などカノープスが見える限界の地域ではメラボシと呼ばれていました。海でメラボシが見えるときは時化るといわれています。また、ゲンゴロウの動きからゲンゴロウボシ（奈良）、「やりそこなった」の方言からゲンスケボシ（奈良）、大阪府・大阪湾から見ると紀州方向に見えることからキシュウボシ（紀州星）、ミカンがとれる紀州や淡路の方向に見えることからミカンボシ（蜜柑星、兵庫）などの呼び名があります。

中国では「南極老人」と呼ばれ、道教の神の1人です。カノープスが南に低く見えにくいことから、特別なときにしか姿を現さないとされていました。七福神の寿老人と同じ神だともいわれています。

インドでは、カノープスは聖仙アガスティヤの姿とされています。昔、ビンドゥヤチャル山が世界の中心になろうとしてどんどん高くなり、皆が恐れたので、困ったインドラ神がアガスティヤ仙に説得を頼みました。アガスティヤ仙は、「自分は南に行くが、それ以上高くなると通れなくなる。自分が帰るまでは高くならないでほしい」と頼むと、ビンドゥヤチャル山は気をよくして大きくなるのをやめました。アガスティヤ仙は南から戻らず、ビンドゥヤチャル山は高くなっていません。このアガスティヤ仙の姿が、南に見えるカノープスだということです。

第7章　南半球の星座の星たち

アケルナル（エリダヌス座α星）

Achernar

スペクトル型	距　　離	絶対等級	実視等級
Data: B3V	139光年	−2.6	0.5

　エリダヌス座は、オリオン座の西隣にある大きな星座です。大きいのに明るい星が少ないので、冬の星座の中では目立ちません。エリダヌス河という神話上の河の星座であり、南の地平線に向かって蛇行した川のように星が並んでいます。その流れの行き着く先にあるのが、1等星のアケルナルAchernar（エリダヌス座α星）です。

　アケルナルは南緯57°と天の南極に近く、日本からは九州以南でなければ見えません。過去にさかのぼると、歳差によってますます南緯が高く北半球から見えにくくなるので、古代エジプト、メソポタミア、ギリシャでは知られていませんでした。

　「アケルナルAchernar」という固有名は、アラビア語で「川の終わり」を意味するアキル・アル・ナブルからきています。アキル・アル・ナブルは、もともとはα星より少し北にあるエリダヌス座θ星に付けられた名前でした。θ星は『アルマゲスト』でも、「川の後にある輝星」と記されていました。

　アケルナルはルネサンス時代以降にヨーロッパで存在が知られるようになり、エリダヌス座が延長されて、アケルナ

163

ルもエリダヌス座に含まれるようになりました。その際、もともと「川の終わり」の星だったθ星に付けられた名前がアケルナルに移ったと考えられます。

第7章　南半球の星座の星たち

アクルックス（みなみじゅうじ座α星）

Acrux

スペクトル型	距　　離	絶対等級	実視等級
Data: B0.5IV+B1V	322光年	−4.2	0.8

　みなみじゅうじ座は通称「**南十字星**」（英語ではSouthern Cross）としてよく知られています。南半球ではほぼ1年中空に見える、北半球における北斗七星のような星座です（ただし、北半球から見る場合は春の星座です）。沖縄近くまでいけば、春の夜にからす座が真南にきたとき、そのずっと下の地平線ギリギリに小さな十字型の星の並びを見つけることができるでしょう。

　みなみじゅうじ座は古代の人々の視界には入っていたものの、独立して星座になってはいませんでした。メソポタミアでは隣のケンタウルス座とともに「カバシラーヌ」（イノシシ）という星座の一部で、ギリシャではケンタウルス座の足の一部でした。

　時が経ち、大航海時代に南半球に繰り出した船乗りたちが、北半球と違って空高く上る、明るい4星でできた十字形に目を奪われたのは想像に難くありません。多くの航海士たちによって南十字の存在がヨーロッパで知られるようになり、17世紀に**バルチウス**❶によって正式に星座になりました。

165

みなみじゅうじ座は88星座の中で一番小さい星座なのですが、1等星が2個もあります。α星のアクルックスAcruxとβ星のミモザMimosaです。みなみじゅうじ座の学名はCrux❷ですが、アクルックスは、αCrux（正式には所有格でCrucisになります）のαを頭文字aにしてそのまま読んだという名前です。また、1.6等という明るい2等星であるγ星の固有名「**ガクルックスGcrux**」も、γCruxからきた名前です。

---

❶ *Usus Astronomicus Planisphaerii Stellati* という1642年の著書で、たくさんの新星座をとり上げました。
❷ ラテン語で「十字架」の意味です。英語のcross（十字架、横切る）の語源にもなっています。

Mimosa

ミモザ（みなみじゅうじ座β星）

スペクトル型	距　　離	絶対等級	実視等級
B0.5Ⅲ	279光年	−3.5	1.2

Data:

　みなみじゅうじ座β星の固有名「ミモザMimosa」は近年になって付けられたもので、オーストラリアを原産とする**植物のミモザ**からとられたといわれています。南洋の航海士たちがβ星を「ミモザ」と呼んでいたといいますが、その理由は不明です。また、ラテン語で俳優を意味するミムスmimusが訛ったものという説もありますが、こちらはさらに理由が不明です。

　なおβ星には、α星、γ星と同じ理由で付いた「**ベクルックス**Becrux」という別名もあります。

COLUMN

暗黒星雲コールサック

　南天の天の川はみなみじゅうじ座を通って流れていますが、十字架の西（左）の脇に黒い穴のように見える部分があります。これは「コールサックCoalsack」（石炭袋）と呼ばれる**暗黒星雲**です。冷たいガスや塵(ちり)の集まりで、後方の光をさえぎっています。

　アマゾンのムラ族は、これを1人の漁夫を背負ったウミウシだとみています。アクルックスとミモザが漁夫で、天の川はウミウシがたてる泡だといいます。同じく南米のバカイリ族は、コールサックはケリ（太陽）とカメ（月）が祖母の葬儀を見ようと天の川にあけた穴だとしています。バカイリ族によると、天の川は横たわる巨大な木です。またチリガノ族では、天の川の暗黒星雲は巨大なダチョウの姿で、コールサックはダチョウの頭だということです。

第7章　南半球の星座の星たち

リギル・ケンタウルス（ケンタウルス座α星A）

Rigil Kentaurus

スペクトル型	距　離	絶対等級	実視等級
Data: G2V＋K1V	4.4光年	4.1	−0.3

　南半球で星空を眺めると、みなみじゅうじ座のすぐ東に明るい星が2個並んでいるのが見えます。これがケンタウルス座のα星とβ星です。

　ケンタウルス座は、北半球では初夏に南の地平線近くに一部が見えるだけですが、紀元前には歳差によって今よりも少し高い位置に見えていました。メソポタミアやギリシャでも知られており、メソポタミアでは「ハバシラーヌ」という星座でした。これはイノシシを表す言葉で、これがギリシャに伝わり、ケンタウルス座のもとになったと考えられます。

　ケンタウルス座α星は、『アルマゲスト』では「前の右足の端の星」という名前で、『星座の書』でもそのままアラビア語に訳されています。リギル・ケンタウルスRigil Kentaurusは、「**ケンタウルスの足**」を意味するリジュル・カントゥーリスというアラビア語が短縮された名前です。**リギル・ケント**Rigil Kentと略して使うこともあります（実際の発音は「リジル」に近いです）。

　リギル・ケンタウルス（ケンタウルス座α星A）は地球に

169

最も近いところにある1等星で、距離は約4.39光年です。肉眼では見えませんが、伴星を2個もっています。そのうちの一方、ケンタウルス座α星Cという11等級の伴星が、**プロクシマ・ケンタウリ**Proxima Centauriと呼ばれている、地球に最も近い恒星です。

　プロクシマ・ケンタウリは太陽（直径）の1/7ほどの赤色矮星[1]で、地球からの距離は約4.24光年です。近年、地球型[2]の惑星がまわっていることが観測から判明しています。

---

[1] 恒星は一生の大部分を**主系列星**という段階で過ごします。**赤色矮星**は最もありふれた主系列星で、質量が小さく、赤色に見えます。

[2] 地球のように、表面が岩石（固体）でできている惑星を**地球型惑星**といいます。また、木星のように表面がガス（気体）でできている惑星を**木星型惑星**といいます。近年はこの分類に、氷でできた天王星型惑星（海王星型惑星）を加えることもあります。

第7章　南半球の星座の星たち

ハダル（ケンタウルス座β星）

Hadar

スペクトル型	距　離	絶対等級	実視等級
B1Ⅲ	392光年	−4.8	0.6

Data:

　リギル・ケンタウルス（α星A）と並ぶように、すぐ西にある1等星がケンタウルス座のβ星ハダルHadarです。この2星を結んで少し西にのばすと、みなみじゅうじ座にぶつかります。

「ハダル」という名は、アラビア語の「ハダリ」という語からきた名前と考えられています。これは一説によると、ハダリとワズンというペアになっている名前の片方で、ペアの片割れはα星ではないかといいます。ハダリの意味は地面や土など諸説ありますが、よくわかっていません。

『アルマゲスト』では、「左足の膝の星」という名前になっています。

171

COLUMN

✦

大マゼラン雲、小マゼラン雲

南半球の星空の白眉は、肉眼で見える系外星雲「マゼラン雲」でしょう。アンドロメダ星雲やオリオン星雲のように"ぼんやり・かすか"ではなく、"はっきり"と夜空に光る雲として浮かんで見えます。この2つは銀河系の外にあるお供の銀河（伴銀河❶）で、大マゼラン雲は16.5万光年、小マゼラン雲は19万光年という、恒星とは桁違いに遠い距離にあります。

大マゼラン雲はかじき座、小マゼラン雲はきょしちょう座❷にあり、天の南極に近いので南半球の国ではほぼいつでも見られます。ヨーロッパに知られるようになったのは大航海時代以降で、「マゼラン雲」という名前は、1519〜1522年に世界一周の航海を行ったスペインのフェルディナンド・マゼランにちなんで付けられました。この航海の乗組員の1人だったピガフェッタは、「天の南極に北極星ほど明るい星はなく、小さな星の集まりが見え、2つの雲のようで、互いに少し離れている」と手紙に書いています。

2つのマゼラン雲は、アラビアではもう少し前から船乗りたちに「南極の雲」として知られており、サハーイブ、また

---

❶　親銀河（ここでは銀河系）の周りを公転する銀河です。
❷　「きょしちょう」は巨嘴鳥（オオハシ）のことで、大きな嘴（くちばし）を持つ鳥です。

はアル・ジャママと呼ばれていました。最も古い記録は、『星座の書』中の「スハイル（カノープス）の足の下には、一部の人が言うように、白い斑点があります。……テハマの人々はそれをエル・バカル、牛と呼んでいます」という記述でしょう。これは大マゼラン雲のことだと思われます。

　南半球ではもちろん古くから知られており、ニュージーランドの先住民族マオリは、大マゼラン雲をパタリ・ランギ、ティオレオレ、マアフ・トカ、小マゼラン雲をパタリ・カイハウ、ティタカタカ、マアフ・テレなどと呼んでいました。

　ブラジルのトゥピ・グアラニス族は、2つのマゼラン雲を「バクと豚が水を飲む噴水」とみていました。チリのマプチェ族も、ルーガンクール・メノコという池にたとえています。この池は最初3つありましたが、1つは干上がっており（暗黒星雲コールサック？）、2番目の池（小マゼラン雲）も乾きつつあり、最後の池（大マゼラン雲）が空<ruby>空<rt>カラ</rt></ruby>になると宇宙の終わりがくるということです。

南極星とは？

　北極星に対する、天の南極にあるはずの「南極星」——この名前は聞きませんね。そう、**南極星はないのです。**現在の天の南極ははちぶんぎ座❸にありますが、その周辺には4等

---

❸　「はちぶんぎ」は八分儀のことで、船の位置を知るために天体の高度などを測る測定器具です。

173

級以下の暗い星しかないので、目印になりません。紀元前数世紀頃には、3等級のみずへび座β星が南極星といえる位置にありましたが、それ以降現在まで、天の南極近くには暗い星しかなく、南極星は存在しないのです。

ただし、**天の南極を探す方法**はいくつかあります。古くから船乗りたちが使っていたといわれるのが、みなみじゅうじ座のγ星ガクルックスとα星アクルックスを結び、南に4.5倍のばす方法です。十字架を下に4.5倍のばすと考えるとぴんときます。

また、1等星を使う方法もあります。エリダヌス座のα星アケルナルと、りゅうこつ座のα星カノープスを結び、正三角形ができる点が天の南極になります。ただ、これは視野いっぱいの大きい三角形になるので、ちょっと探しづらいかもしれません。

実は上記のポピュラーな2つの方法より、ずっと簡単な探し方があります。大マゼラン雲と小マゼラン雲を結び、それとほぼ正三角形をつくる点が天の南極です。この2つの星雲はとても目立つので、初めての人でも楽に天の南極を見つけることができます。

アルゴ座の物語

南半球で見える星座は、大航海時代よりあとにつくられました。それゆえ神話を伴わないものが多いのですが、アルゴ座Argo（アルゴ船座Argo Navis）は別です。アルゴ座に

あたる星座群（りゅうこつ座、とも座、ほ座、らしんばん座）は地平線ギリギリに一部が見えるくらいですが、紀元前数世紀にはもう少し高い位置に見えていました。そのため古代ギリシャ人にはおなじみの星座で、アラトスの星座詩『ファイノメナ』には長文でその姿が詠われています。

アルゴ船は、イオルコスの王子イアソンが、王に黒海のコルキスという国にある金毛の羊の毛皮をとってくるように命じられ、旅に出るときに使った船です。ペリアス王はイアソンの叔父で、イアソンが成人するまでの条件で王位に就いたのですが、羊の毛皮を持ってくることを王位譲渡の条件に出したのです。イアソンは女神アテナの助言を受けて、船大工のアルゴスに50組の櫂を持つ巨大な帆船「アルゴ」を作ってもらい、この冒険に出る乗組員を募集しました。

星空のアルゴ船（アルゴ座）はアラトスの『ファイノメナ』によると、艫（船尾）が前になって進んでいるという不自然な姿をしています。また「舳先は霧の中で見えない」とあり、星座絵では舳先（船首）を欠いた姿になっています。この有名な船が後ろ向き・舳先ナシの姿で夜空に描かれた理由は何だったのか、古代ギリシャの人々に聞いてみたいところです。

＊　　＊　　＊　　＊　　＊　　＊　　＊　　＊　　＊

イアソンの募集に応じたのは、建造者アルゴスをはじめ、琴の名手オルフェウス、拳闘が強いカストルと馬術が得意なポリュデウケス（ポルックス）、英雄ヘルクレス、航海術

に長けたティピュスら50名ほどの勇士たちで、「アルゴノウタイ」と総称されています。

アルゴ船は彼らを乗せて出港し、キュジコス島などの島々で歓迎されたり戦ったりして、トラキアでハルピュイア❶を追い出し、2つの岩が打ち合う海峡では船尾を削られながら何とか通過し、黒海に入って苦労の末にパーシス河口のコルキスに到着しました。

イアソンはコルキスのアイエテス王に、金毛の羊の毛皮を譲るよう頼みますが、「鼻から火を吹く牡牛をくびきにつないで、竜の牙を畑に蒔く」という難題をふっかけられます。しかし、王の娘メディアが魔法でイアソンを助けたので、無事に達成できました。アイエテス王はアルゴ船を焼いて英雄たちを殺そうとしたので、イアソンはメディアの助けで毛皮を持ち出し、メディアを連れてアルゴ船でコルキスを後にしました（メディアはイアソンの妻になりました）。

その後、やはり長く困難の多い航海を経て、アルゴ船は故郷のイオルコスに戻り、イアソンはペリアス王に金毛の羊の毛皮を渡しました。しかし、ペリアス王は王位を譲らず、イアソンの妻メディアは魔法で王の娘たちをだまし、王を殺害させました。このためイアソンたちはイオルコスにいられなくなり、コリントスに逃れました。

---

❶　英語では「ハーピー Harpy」で、女性の頭部（または上半身）と鳥の体（翼）を持った伝説上の生き物です。

第7章　南半球の星座の星たち

　アルゴ船の英雄たちの命がけの冒険の苦労が、全然報われない――この何ともギリシャ神話的なお話がアルゴ座の神話なのです。

＊　　＊　　＊　　＊　　＊　　＊　　＊　　＊　　＊

　アルゴ座はもともと大きい星座でしたが、大航海時代以降に南に少し拡張され、ますます大きくなりました。含まれる星の数もとても多く、星空を区分する役割の星座としては、ちょっと扱いにくいものでした。

　そのため、フランスの天文学者ラカイユは1756年に出版した星表で、アルゴ座の一部（帆柱の部分）をらしんばん座Pyxisとして独立させ、残った部分を、ともPuppis、りゅうこつCarina、ほVelaの3つの区画に分けて記載しました。

　星表の記述に際しラカイユは、明るい星はξ Argoなどとアルゴ座の名前を使いましたが、大多数を占める5〜7等くらいの暗い星は2963 Carinaなどとその区画名で記載しました。そのため、一見するとアルゴ座が3つ（らしんばん座を入れると4つ）に分割されたようにも見えたかもしれません。

　その後、らしんばん座は星座として認知されましたが、アルゴ座は星図では特に区分けされず、そのまま使われ続けました。

　19世紀末には、やはりアルゴ座は大きすぎるので分割しよう、という意見が強まりました。そして1922年のIAUの総会で、ラカイユが新設したらしんばん座とともに、とも座、

177

りゅうこつ座、ほ座が正式に星座として決まり、アルゴ座は
なくなりました。

　アルゴ座はなくなりましたが、今も夜空では、とも座、り
ゅうこつ座、ほ座、それと、らしんばん座もまとめて船の星
座として眺めるのが通例となっています。

テレとンガコーラ（みなみじゅうじ座の伝説）

　これはアフリカのバンダ族に伝わる物語[1]です。

　至高神の息子に、双子のテレとンガコーラがいました。2
人は最初地上に住んでいましたが、ンガコーラは蔓をつた
って天に上り、神々の天地創造を助けました。テレもンガコ
ーラのあとを追って、神々に自分にも手伝わせてくれるよ
うに頼みました。

　そこで神々は、大きな網にすべての動物のつがい、すべて
の植物の種、水を入れ、その中にテレを入れて、地上へと紐
で降ろすことにしました。神々はテレにドラムを渡して、「地
上に着いたら鳴らすように」と命じました。

　神々はゆっくりと網を降ろしはじめましたが、テレは好
奇心から途中でドラムを叩いてしまいました。すると神々
は地上に着いたと思い込んで、網に結んだ紐を切ってしま
いました。

　テレたちは地上に落下し、動物も植物も網から転げ出て

---

[1]　山口昌男『アフリカの神話的世界』（岩波書店、1971年）によりました。

第7章　南半球の星座の星たち

地上に散らばり、水は流れ出してしまいました。テレはあわてて動物や種をかき集めましたが、集められたものが家畜と栽培植物になりました。

　そのあとテレは何とか天に戻してもらいましたが、悪戯ばかりするので、神々はテレを星座にしてしまいました。それが南十字星だということです。

第 8 章

惑星と衛星たち

　天球上を「さまよう者(planetes)」「惑う星」の惑星、その周りを衛(守)る「従者(satelles)」のような衛星、そして地球以外の惑星地形にも名前が付けられています。
　この章では、太陽系の惑星とその衛星の名前に加えて、惑星地形の名前について簡単に紹介します。

✳ 惑星の名前の由来

　太陽系の惑星は、**水星**Mercury、**金星**Venus、**地球**The Earth、**火星**Mars、**木星**Jupiter、**土星**Saturn、**天王星**Uranus、**海王星**Neptuneの8個です。(2006年以前は、**冥王星**Plutoも惑星に入っていましたが、大きさが小さすぎるため、現在は**準惑星❶**に分類されています。)

　この中で、18世紀以降に発見された天王星と海王星は、近年命名されたものです。それ以外の(地球を除く)水・金・火・木・土の5惑星の名前の始まりは、星座の始まりと同じように古代メソポタミアからになります。メソポタミアでは神々は天体と関係が深く、太陽・月・惑星はある特定の神々の星とされてきました。

　最も明るい金星は、メソポタミア神話では戦いと豊穣の女神イシュタル(シュメール神話ではイナンナ)の姿でした。次に明るい木星は、バビロニアの主神マルドゥーク(シュメールではエンリル)の星とされていました。土星は狩りと戦いの神ニヌルタと関係が深く、火星は疫病・戦争・冥界の神ネルガルと同一視されていました。太陽に近い水星は、アッカドの書記の神ナブーの星でした。**このメソポタミアの惑星の性格づけは、後のギリシャ・ローマの惑星名に大きな影**

---

❶　惑星ほどではありませんが、ほぼ球形になれるほど質量は大きいです。惑星と大きく違うのは、公転軌道の周辺に他の大きな天体が存在しているところです。

響を与えました。

　現在使われている惑星の名前は、**古代ギリシャの惑星名**がもとになっています[2]。ギリシャの惑星名は神々の名前から付けられており、水星は伝令神ヘルメス、金星は美と愛の女神アフロディテー、火星は戦いの神アレス、木星は主神ゼウス、土星は農耕神クロノスでした。

　そのギリシャ神の名前を**ローマ神話に対応**させると、ラテン語でメルクリウスMercurius、ウェヌスVenus、マルスMars、ユピテルJuppiter（またはIuppiter）、サトゥルヌスSaturnusとなり、長らくヨーロッパで使われてきました。それを**さらに英語化**したものが、今の惑星名Mercury（マーキュリー）、Venus（ヴィーナス）、Mars（マーズ）、Jupiter（ジュピター）、Saturn（サターン）になっています[3]。

　火星や金星などの漢字の惑星名は、**中国**で使われてきた名前です。陰陽五行の5要素 "水・金・火・木・土" を惑星に

---

[2] ギリシャ神話の地母神ガイアは、ローマ神話では大地の女神テルースです。いずれもラテン語で「大地」「地球」を意味しますが、これは地球の名前（Earth）の由来にはなっていません。
ついでにここで説明すると、プルートー（Pluto）の名前の由来は、ギリシャ神話の冥界の神ハーデスがローマ神話にとり入れられたプルートーです。ちなみに、「冥王星」という訳語の提案者は野尻抱影です。

[3] まとめると次表のようになります。

ギリシャ神話	ローマ神話	英語
ヘルメス	メルクリウス	マーキュリー
アフロディテー	ウェヌス	ヴィーナス
アレス	マルス	マーズ
ゼウス	ユピテル	ジュピター
クロノス	サトゥルヌス	サターン

当てはめた名前です。しかし中国には他に、**辰星**(しんせい)・**太白**(たいはく)・**螢惑**(けいこく)・**歳星**(さいせい)・**鎮星**(ちんせい)という古くからの惑星の呼び名もあり、中国の古い史書（歴史書）ではこちらの名前の方が使われています。漢代に陰陽五行説が広まると、惑星名にも五行を当てはめるようになり、水星・金星・火星・木星・土星の惑星名ができたと考えられます。

　日本では飛鳥時代から中国の惑星名が使われており、中国古来の惑星名と、五行の惑星名の両方が、史書や日記文学などに登場しています。明治時代になると螢惑・太白などの中国古来の惑星名はほとんど使用されなくなり、水星・金星・火星・木星・土星という名前が使われるようになりました。

第8章 惑星と衛星たち

水星／マーキュリー

Mercury

	自転周期	会合周期	赤道重力	衛星数
Data:	58.6日	116日	0.38倍	0個

　太陽に最も近く、動きが速い水星Mercuryは、ギリシャ神話のヘルメスにあたり、知恵と伝令の神ですばしこく、商業や盗賊の神でもあります。インドでは水星は「ブダ」といいますが、ブダはインド神話の月神ソーマの子で、「賢い」という意味を持っています。メソポタミアでは、水星はアッカド語で「シャヒトゥ」と呼ばれていますが、知恵の神ナブの星とされていたので、世界的に水星は**知恵の星**なのかもしれません。

　水星は衛星を持っていませんが、表面にある多数の**クレーター❶**には**芸術家の名前**が付けられています。ヘシオド（古代ギリシャの詩人ヘシオドス）、ジョプリン（ラグタイム❷の作曲家スコット・ジョプリン）、ピカソ（スペイン生まれの画家パブロ・ピカソ）、ゼアミ（能楽師の世阿弥）、ムラサキ（平安時代の作家、紫式部）などがあります。

---

❶ 水星のクレーター（円形の窪地）は、たくさんの天体が衝突してできたものと考えられています。水星には大気や液体の水がないので、太陽系の初期にできたクレーターが、侵食されずに残されています。
❷ ジャズのルーツともいわれる音楽ジャンルの1つです。

こういった惑星表面の地名などの命名は、IAUの**惑星系命名法についてのワーキンググループ**（**WGPSN**：Working Group for Planetary System Nomenclature）が行っています。

金星／ヴィーナス

Venus

	自転周期	会合周期	赤道重力	衛星数
Data:	243日	584日	0.91倍	0個

　金星は最大光度が−5等にもなるひときわ明るい星で、宵の明星と明けの明星の2つの顔❶があり、愛と美の女神ヴィーナスVenusの名が付いています。ギリシャではアフロディーテーで、**惑星神では唯一の女性**ですが、これはメソポタミアの金星の女神からの系譜でしょう。アッカド語で金星は「ディルバト」といいますが、シュメールのイナンナ、アッカドのイシュタルともに、豊穣と愛、そして戦いの女神として高い人気がありました。他にインカの金星の女神チャスカ、仏教の曼荼羅の金星神なども女神です。

---

❶　水星と金星は内惑星（地球の内側をまわる惑星）なので、見かけ上は太陽から離れることがありません。そのため夕方の西空か明け方の東空でしか見ることができません。

しかし実は、インド神話の「潔白」「白」を意味する金星神シュクラ、キリスト教の明けの明星を表す堕天使ルシフェル、中米のアステカ神話の主神で金星の化身ケツァルコアトル、中国の道教の神の太白金星など、金星の神は男性も多いのです。インドの古いヴェーダ神話のアシュヴィン双神も、金星の神とされることがあります。

金星の表面は温室効果❷のため460℃もあり、過酷な惑星ですが、表面の地形の大半には**世界各国の女神の名前**が付けられています。例をあげると、ブリュンヒルト地溝帯（北欧神話のワルキューレの1人）、ベレギニャ平原（スラブ伝説の水の女神）、ベリサマ峡谷（ケルトの火の女神）、フフェイ峡谷（中国語では「洛嬪」、川の女神）、ウプヌサ円錐丘（インドネシアの大地の女神）などです。

❷ 金星の大気のほとんどは二酸化炭素です。また、金星は公転方向と逆に自転していることも大きな特徴です。

火星／マーズ

Mars

自転周期	会合周期	赤道重力	衛星数
Data: 1.03日	780日	0.38倍	2個

　火星Marsは戦いの神として知られています。しかし気性が荒く神々にも好かれていないギリシャ神話のアレスとは異なり、ローマ神話のマルスは人望があって農耕の神でもあります。約2年2か月ごとに火星が地球に接近して明るくなるときは、赤い色[1]なのでちょっと不気味ですが、とても美しいものです。

　火星はメソポタミアでは「サルバターヌ」という名前で、疫病・戦争・冥府の神という不幸を凝縮したような神ネルガルの星でした。また、インド神話の火星神マンガラは真っ赤な体で4本の腕に武器を持ち、軍神カルティケーヤの化身ともいわれています。マンガラの姿は中国に密教の火曜神として伝わっています。赤い火星は血の色を連想させるためか、戦いを招く星とされることが多いようです。

　火星の地形[2]は、ギリシャ・ローマ神話中の地名や、地球

---

[1] 火星が赤く見えるのは酸化鉄（赤さび）に覆われているからです。このことは、かつて火星に液体の水があったことの証拠とされています。

[2] 火星は表面の環境が地球に最も近い惑星で、高い山や谷があるなど表面地形が複雑であることが知られています。

に実在する川や島の古名などから名前が付けられています。オリンポス（ギリシャ神話の神々の居住地）山やクリュセ（タソス島の古名）平原、エリシウム（ギリシャ神話の天国）平原などが知られています。

　また、火星は2個の小さい衛星を持っています。それらは19世紀に発見されたもので、ギリシャ神話の戦神アレスの息子**フォボス**Phobos（MarsⅠ）と**デイモス**Deimos（MarsⅡ）の名前が付けられています。

木星／ジュピター

Jupiter

自転周期	会合周期	赤道重力	衛星数
Data: 0.414日	399日	2.37倍	95個

　木星Jupiterはローマ神話の主神ユピテルで、ギリシャ神話ではゼウスにあたります。天空神であり雷神でもあります。メソポタミアでは、木星は「サグメガル」(発音は異説があります) という名前で、代々エンリル、アッシュール、マルドゥークと主神の星として祭られてきました。インドでは、木星は祈祷の神で神々の師のブリハスパティとされています。ブリハスパティは、もともとはブラフマーとともに創造神であったと考えられています。中国では木星は「歳星」と呼ばれますが、これは昔、木星が12年かかって星座の間を一周することを使って、年を記述する暦を使っていたことからきた呼び名です。これを**歳星紀年法**といいますが、今私たちが使っている年の干支のもとになったものです。

　木星は大部分が気体(水素・ヘリウム)と液体(液体水素・金属水素❶)でできているので地面はありませんが、衛星を多数もっています。木星の衛星は、ほとんどは木星である**大神ゼウスと関係の深い人物の名前**が付けられています。たと

---

❶　超高圧下で液体になった水素 (液体水素)、金属のような性質を持った水素です。

えば、イオ(ゼウスの愛人で牛に変えられた)、エウロパ(牛に化けたゼウスにさらわれたテュロスの王女)、ガニメデ(鷲に化けたゼウスにさらわれたトロイアの王子)、カリスト(ゼウスの愛人で熊に変えられたニンフ)、アマルテア(ゼウスを育てたニンフ)、ヒマリア(ゼウスの愛人のニンフ)、エララ(ゼウスの愛人で地底に隠された)などです。2023年現在、発見された衛星は95個、名前が付けられた衛星は57個になっています。

　惑星の**衛星の命名**も、金星の地形等と同じくIAUのWGPSNが行っています。

土星／サターン

Saturn

	自転周期	会合周期	赤道重力	衛星数
Data:	0.444日	378日	0.93倍	146個

　土星は肉眼で見える5惑星の中では暗い方で、公転周期が30年と長くあまり動かないので、地味な印象の惑星です。しかし、小さい望遠鏡でその姿❶を見たときのインパクトはピカイチです。

　土星Saturnは、ローマ神話の農耕神サトゥルヌスで、ローマ建国時からの古い神ですが、のちにギリシャ神話のクロノスと同一視されました。巨人族で、木星ジュピターの父にあたります。メソポタミアでは、土星は「カヤマーヌ」と呼ばれており、ニヌルタという狩猟と戦いの神と関連しています。ニヌルタは、怪鳥アンズーから運命の石板を取り戻す話など英雄的神話が多いですが、初期には農耕神であったと考えられています。

　一方、インドでは土星は「シャニ」と呼ばれ、伝承では不幸を呼ぶ不吉な星となっています。シャニは「ゆっくり動く」といった意味で、黒い衣装を着ています。

---

❶　最大の特徴は巨大なリング（環）で、最初に観測したのはガリレオ・ガリレイです。ただし、ガリレオはそれが環には見えていなかったそうです。

192

2023年現在、土星の衛星は146個が知られており、小さい衛星などまだまだ未発見のものがあると考えらえています（名前が付いているものはそのうちの63個ほどです）。

土星の衛星は、多くは**ギリシャ神話の巨人ティターン族**に関連した名前が付けられています。最大の衛星タイタン（巨人）をはじめ、レア（巨人族でクロノスの妻）、ヒペリオン（巨人族でクロノスの兄）、イアペトゥス（巨人族でプロメテウスの父）、フェーベ（巨人族でクロノスの姉）、アトラス（イアペトゥスの子で、天を支える役目を負った）などがあります。また、一部の衛星は北欧神話やケルト神話、イヌイットに関連した名前（スカジ、タルボス、シャルナク等）が付けられています。

天王星／ウラヌス

Uranus

自転周期	会合周期	赤道重力	衛星数
0.718日	370日	0.89倍	28個

Data:

　天王星Uranusは6等級と暗いため、望遠鏡以前はだれも知らず、1781年にイギリスのウィリアム・ハーシェルによって発見されました。当初は「ハーシェル」と呼ばれていましたが、のちにドイツのヨハン・ボーデが提案した「ウラヌス」という名前に落ち着きました。ウラヌスはギリシャ神話の原初の天空神ウラノスで、大地の女神ガイアとの間に子クロノス（土星Saturnにあたります）、デメテル（豊穣の女神）、ハーデス（冥府の神）らがいます。

　天王星の衛星は、天王星の発見者のハーシェルにより最初の2個が発見され、シェイクスピアの戯曲『真夏の夜の夢』から妖精王オベロンと女王ティターニアの名前が付けられました。2023年現在、天王星には28個の衛星が発見されていますが、『テンペスト』よりミランダ、『ロミオとジュリエット』よりジュリエット、『オセロ』よりデスデモーナなど、同様に**シェイクスピア作品**から名前がとられています。（アリエルなど3個はイギリスの詩人ポープ❶の作品からとられています。）

海王星／ネプチューン

Neptune

自転周期	会合周期	赤道重力	衛星数
Data: 0.665日	368日	1.11倍	16個

　海王星Neptuneは大型の惑星ですが、遠方にあるため8等級と暗く、1846年にフランスのルベリエ、イギリスのアダムズ、ドイツのガレの3人によって発見されました。ルベリエとアダムズの2人は、天王星の動きのゆれから新惑星の存在を計算で予想し、ガレは実際にその予報の位置に望遠鏡を向けて海王星を発見しました。名前は紆余曲折の末に、ルベリエが考案したと思われる「Neptune（ネプチューン）」に決まりました。

　ネプチューンはギリシャ神話では海神ポセイドンにあたり、木星のゼウスとは兄弟になります。ポセイドンは海の神として有名ですが、地震の神でもあります。また泉や地下水も司るとされ、馬とも関係が深く、競馬の神でもあります。

　海王星の衛星は16個発見されていますが、ネレイドやトリトン、プロテウス、タラッサなど、**ギリシャ神話の海や水の神・妖精**などの名前が付けられています。

---

❶ アレクサンダー・ポープの詩の名句は、シェイクスピアに次いで引用されることが多いともいわれています。

COLUMN

曜日の名前のはじまり

　私たちが使っている「一週間」という単位は、1か月を4分割した区切りを使っていた**メソポタミアの影響**ではないかといわれています。メソポタミアにおいて"7"は特別な数であり、バビロンにあった聖塔「エテメンアンキÉ-TEMEN-AN-KI」❶（天と地の基礎となる建物）も7階建てで、各階ごと7色に塗り分けられていたそうです。

　一週間の記述が最初に登場するのは、紀元前8～5世紀くらいに書かれた『旧約聖書』にある**ユダヤ暦**です。一週間は平日が6日で、週の最終日（土曜）が安息日（サバットSabbath）でした。その後、一週間は地中海の国々に伝わりました。

　古代ギリシャでは、一週間のうちの2日を太陽と月に捧げており、それぞれセメラ・ヘリオス（太陽の日）、セメラ・セレネス（月の日）と呼びました。他の5日には惑星の名前を付けたと考えられますが、古い時代の文書に記載がないので詳細は不明です。

　一週間は**古代ローマ**でも使われ、それぞれの曜日に次のように名前が付けられていました。

---

❶　現在は遺構しか残っていません。『旧約聖書』の「創世記」に登場する、いわゆる「バベルの塔」は、この聖塔（ジッグラト）をモチーフにしているといわれています。

第8章　惑星と衛星たち

曜　日	名　前
日　曜	ディエス・ソリス（太陽神ソルの日）
月　曜	ディエス・ルナエ（月神ルナの日）
火　曜	ディエス・マルティス（火星マルスの日）
水　曜	ディエス・メルクリ（水星メルクリウスの日）
木　曜	ディエス・ヨーヴィス（木星ユピテルの日）
金　曜	ディエス・ヴェネリス（金星ヴィーナスの日）
土　曜	ディエス・サトゥルニ（土星サトゥルヌスの日）

　曜日の順番は惑星の並び順（水金地火木土）ではなく、ランダムにみえますね。この理由は、ローマでは1時間区切りに惑星を当てはめる**「惑星時間」**を使っており、1日の開始時刻の惑星名を曜日名にしたため、などといわれています。なお、惑星の曜日名の順番が決まったのは、ローマ帝国の時代になってからのようです。

　このローマの曜日名はヨーロッパ各国に伝わり、その民族の神々の名前に置き換わりました。イギリスでは、アングロサクソン人が信仰していた**ゲルマン神話系の神々**の名前になり、日曜は太陽Sólを擬人化したスンナSunnaからSunday、月曜は同じく月神マーニMániからMondayとなりました。火曜はゲルマン神話の軍神テュールTýrの日になりTuesdayに、水曜は主神で死と魔術の神ウォーダンWōdenの日でWednesday、木曜は雷神で農耕神でもあるトールThorの日でThursday、金曜は愛と豊穣の女神フレ

197

イヤFreyjaの日でFridayとなっています。しかし土曜日だけは、ローマの土星の神サトゥルヌスSaturnusの名前がそのまま使われSaturdayになりました（おそらくサトゥルヌスっぽい神様がゲルマン神話にいなかったのだと思われます）。これが現在使われている曜日名の由来です。

　実は、一週間は西洋だけでなく、東洋・アジア方面にも伝わっています。インドでは古くからギリシャの数学・天文学が知られており、ホロスコープ占星術❶などは大人気でインドに定着していました。曜日名もインドの惑星の神々に置き換えられて使われ、サンスクリット語で日曜がラヴィ（太陽の化身）・スーリヤ（太陽神）・アーディティ（輝くもの）、月曜がソーマ（月神）、火曜がマンガラ、水曜がブダ、木曜がブリハスパティ、金曜がシュクラ、土曜がシャニであり、「曜日」を意味する「ヴァーラ」を足して「ラヴィヴァーラ」「ソーマヴァーラ」などと呼んでいました（ヒンディー語の場合は「ワール」を足します）。インドの場合、惑星は七曜だけではなく、日蝕・月食を起こす架空の惑星「ラーフ」（羅睺）、「ケートゥ」（計都）も加わり九曜なのですが、この2星は曜日名には入っていません。

　インドの一週間は、インドで誕生した仏教の新しい宗派・密教にもとり入れられました。密教は中国に伝わり、中国で

---

❶　黄道十二宮（▶ p.115）に見える太陽、月、5惑星の位置関係で占う星占いです。

も一週間が知られるようになって、曜日名は五行の惑星名に置き換えられました。この密教の一週間が平安時代に『宿曜経』などの文書で中国から伝わり、いま私たちが使っている日月火水木金土という曜日名になったわけです。

第 9 章

彗星・小惑星・人工天体の名づけ

　日本では「ほうき星」とも呼ばれる彗星、でこぼこした形で惑星より小さい小惑星、人が作った衛星である人工衛星——これらの天体には命名の規則があります。
　この章では、彗星・小惑星・人工衛星の名づけ方の規則を簡単に紹介します。

✳ 彗星の名前

　彗星❶というと、「ハレー彗星」や「百武彗星」、最近では2020年に発見された「ネオワイズ彗星」などの名前を聞いたことがあるかもしれません。彗星や小惑星などの天体の命名には国際的な取り決めがあります。

［命名の規則］

　彗星には**発見者の名前**が付けられますが、独立して同時に発見した人が複数いる場合は最大で3名まで付けられます（実際は1～2名がほとんどです）。ただしハレー彗星だけは特別で、紀元前から現在まで数えきれないほど観測記録があるため、初めて軌道を計算したエドモンド・ハレーの名前が付いています。

［仮符号（識別符号）］

　彗星はこういった呼び名の他に、仮符号という重要な符号があり、前出の3彗星については1P/Halley（ハレー彗星）、C/1996B2（百武彗星）、C/2020F3（ネオワイズ彗星）となります。発見者が同じ彗星でも仮符号は違うので、はっきりと区別できます。識別符号ということもあります。

---

❶ 「彗」には「箒（ほうき）を持つ、掃く」といった意味があります。

第9章　彗星・小惑星・人工天体の名づけ

　仮符号の先頭にあるアルファベットは、Pが**周期彗星❷**、C
がそれ以外の彗星を表します。周期彗星の場合は**登録番号**
という通し番号が頭に付いて、2P/Enche（エンケ彗星）、
17P/Holmes（ホームズ彗星）といった表記になります。

　周期彗星ではない彗星は、C/のあとに**発見された年**と、**発
見時期を示す「アルファベット＋数字」**が付けられます。ア
ルファベットは、1年12か月を各月前半と後半に分け、1月
前半から順にアルファベットを24個振っていったものです
（IとZは抜かして、Yまで使います）。アルファベットに続く
数字は、その期間内に**発見された順番**です。百武彗星
C/1996B2は、1996年の1月後半の2番目に発見された彗
星ということになります。

　また、1994年に木星に衝突したシューメイカー＝レヴィ
第9彗星のように、消滅した彗星はD/、また少ししか観測さ
れず軌道が不明の彗星はX/が付けられます。

［ 同じ名前の彗星 ］

　中にはマクノート彗星❸を見つけたマクノート氏のよう
に、いくつも彗星を発見している名人もいます。発見された
彗星はどれも「マクノート彗星」と呼ばれ、**仮符号で区別**し
ます。以前は第1、第2、……と番号を振っていましたが、近

---

❷　ごく簡単にいうと、太陽に何度か近づく彗星をいいます。非周期彗星は、太陽に一度
　近づくとその後はもう戻ってきません。

❸　2006年に南半球で発見されて、翌2007年には昼間でも見える大彗星になりました。

203

年は番号を振らず仮符号で区別します。リニア彗星などはかなり数が多いですが、どれもリニア彗星です。

第9章　彗星・小惑星・人工天体の名づけ

COLUMN

人名ではない？　最近の彗星名

　2000年以降、リニア (LINESR) 彗星、パンスターズ (Pan-STARRS) 彗星、レモン (Lemon) 彗星といった同じ名前の彗星が多数発見されています。実はこれらの彗星は、リニアさんやパンスターズさんが発見したのではなく、地球近傍天体の**観測プロジェクト**の名前が付いているのです。

　これらの多くは地球に接近する危険な小惑星を探すためのもので、黄道付近などの空の広い範囲を専用の望遠鏡・カメラで継続して撮影し、移動天体を発見します。そこでたまたま発見された新彗星が、プロジェクト名で登録されているのです。他に、Spacewatch、ATLAS、Catalina等さまざまなプロジェクトがあります。

　また、NASA❶の赤外線天文衛星WISE、NASA/ESA❷の太陽観測衛星SOHOも多くの彗星を発見しています。SOHO彗星は1000個以上になりますが、多くは太陽に衝突して消滅しています。この章の冒頭に登場したネオワイズ彗星は、WISE (ワイズ) 衛星の新しい名前「NEOWISE (ネオワイズ)」が付けられたものです。

---

❶ National Aeronautics and Space Administration の略称で、日本では「アメリカ航空宇宙局」などと呼ばれています。
❷ European Space Agency の略称で、日本では「欧州宇宙機関」などと呼ばれています。

✳ 小惑星の名前

　小惑星とは、**太陽系をまわっている、惑星より小さく、彗星ではない小天体**をいいます。多くは火星と木星の軌道の間❶をまわっていますが、地球の近くに来るものもあります。サイズが小さいので、ほとんどは地球からは肉眼で見えません。

［**仮符号**］

　小惑星は、発見されて観測でだいたいの軌道が決まると、まず1995 ALなどといった仮符号が付けられます。仮符号の最初の数字4桁は**発見年**です。

　次の最初のアルファベットは、**1年のうちでいつ頃発見されたか**を示します。1か月を前半後半に分けて、1年を24分割した期間をアルファベット順（IとZは抜かします）に表したものです。このあたりは彗星と同じ規則です。

　2番目のアルファベットは、その期間内に**発見された順番**で、これもAから順にアルファベット（Iは抜かします）を振ります。先の1995 ALは1995年の1月前半の11番目に発見された小惑星という意味です。この2番目のアルファベットですが、同じ期間に26個以上発見されると次は「**アルフ**

---

❶ 「小惑星帯」と呼ばれていますが、他にも小惑星が集中した領域が見つかる可能性があるため、区別して別の名前で呼ばれることもあります。

ァベット＋数字」表記になり、A1, B1, C1, ……と続きます。それがZ1まで発見されると、次からA2, B2, C2, ……となります。たとえば2020 XL5は、2020年12月前半の105番目に発見された小惑星ということですね。

［ 小惑星登録番号 ］

　仮符号の次に、たくさん観測がなされて軌道がきっちりと決まると、登録番号（小惑星番号、確定番号ともいいます）という通し番号が振られます。前出の1995 ALは、史上10162番目に軌道が確定した小惑星なので、10162という登録番号です。さまざまな地球近傍天体捜索プロジェクトが小惑星を頻繁に見つけている関係で、近年の小惑星の発見数はとても多く、登録番号を持つ小惑星は2023年現在で60万個以上あります。

［ 名前を付ける ］

　登録番号が決まると、**発見者が名前を提案**できます。提案できる期間は10年です。小惑星の発見ができる技術を持つ達人はそれほど多くないので、1人で多くの小惑星の命名・提案権を持っている人もおり、団体が名前の推薦を募ることもあります。そういった関係で、都市名や歴史上の人物、小説の登場人物、歌手、食べ物など多彩な名前の小惑星が存在します（▶p.209）。

　小惑星の命名には条件があり、アルファベットで16文字

以下、公序良俗に違反しない、発音できないとダメ、戦争・政治関連の名前はその事柄から100年以上経過していないとダメ、などです。

　そういった名前の候補がIAUの**小天体命名ワーキンググループ**（**WGSBN**：Working Group for Small Bodies Nomenclature）で審査され、承認されると正式に小惑星の名前になります。例にあげた1995 ALは、発見者の新島恒男さんと浦田武さんにより「一寸法師」と提案され承認されました。そういうわけで、小惑星1995 ALの正式名称は(10162) Issunboushiです。

第9章 彗星・小惑星・人工天体の名づけ

面白い名前の小惑星

　面白い名前の小惑星としては、次のようなものが知られています。

名　　前	由　　来
(2309) Mr. Spock (ミスター・スポック)	SFドラマ『スタートレック』シリーズの登場人物
(6562) Takoyaki (タコヤキ)	郷土料理の「たこ焼き」
(7470) Jabberwock (ジャバーウォック)	ルイス・キャロルの小説『鏡の国のアリス』に登場する架空の生物
(8865) Yakiimo (ヤキイモ)	かつて静岡にあった「やきいも観測所」という天文台
(9007) James Bond (ジェームズ・ボンド)	スパイ小説とそれを映画化した『007』シリーズの主人公
(10160) Totoro (トトロ)	宮崎駿の映画『となりのトトロ』に登場する架空の生物
(12796) Kamenrider (カメンライダー)	特撮ドラマ『仮面ライダー』から
(29328) Hanshintigers (ハンシンタイガース)	プロ野球球団『阪神タイガース』から
(46737) Anpanman (アンパンマン)	やなせたかしの絵本『アンパンマン』から

✳ 人工天体の名前

　地球の周りには人工の天体も多く飛んでいます。ヴォイジャー2号やはやぶさ2のように太陽をまわっているものは**人工惑星**、ひまわり9号や国際宇宙ステーションのように地球をまわっているものが**人工衛星**です。

［衛星識別符号（国際標識）］

　まず、人工衛星は打ち上がってから地球を2周すると衛星と認められ、国際衛星識別符号（NSSDC/COSPAR ID）が振られます。これは国際標識ともいい、こちらの方がよく耳にするかもしれません。たとえば、2014年5月24日にJAXA❶（宇宙航空研究開発機構）のH-ⅡAロケットで打ち上げられた陸域観測衛星だいち2号（ALOS-2）の符号は2014-029Aです。

　最初の4文字が**打ち上げ年**、ハイフン右側の数字3文字がその年に打ち上がった衛星の**通し番号**です。その次のアルファベットは、衛星などが複数同時に上がった場合にAから順に振られます。打ち上げロケットも人工衛星にカウントされ、2014-029Eはだいち2号を打ち上げたH2Aロケットの2段目です。B〜Dは同時に打ち上げた小型衛星です。

---

❶　JAXA（宇宙航空研究開発機構）は、2003年にNASDA（宇宙開発事業団）、ISAS（宇宙科学研究所）、NAL（航空宇宙技術研究所）が統合して生まれた機関です。

第9章　彗星・小惑星・人工天体の名づけ

［衛星カタログ番号（NORAD ID）］

　この識別符号の他に、全人工天体の通し番号といえる衛星カタログ番号（NORAD ID）があります。5桁の数字で、先ほどのだいち2号の番号は39766です。同時に打ち上がった衛星には次の数字が振られ、アルファベットは付きません。人工衛星が打ち上がるとNORAD（北米航空宇宙防衛司令部）のレーダーで軌道が決定され、随時公表されるので、人工衛星予報などにはこのNORAD IDの方が便利だったりします。

［愛称と正式名称］

　人工衛星は民間の通信会社等のものも多く上がっていますが、ここでは**公的機関が作っている人工衛星の名前**について説明します。

　日本の「ひまわり9号」「はくちょう」「だいち2号」といった、よく聞く人工衛星の名前の多くは「愛称」と呼ばれるものです。

　人工衛星は、打ち上げ前までは「ETS-Ⅷ」（技術試験衛星）や「GMS-5」（気象衛星）といった「**開発時の名称**」で呼ばれます。そして**打ち上げ後**には、「きく8号」「ひまわり5号」といった愛称で呼ばれます。しかし正式な名前は「ETS-Ⅷ」、「GMS-5」の方です。

　「もも」「つばめ」「きずな」など、愛称は打ち上げた機関（JAXA）が選考して決めており、ひらがな（平仮名）が通例

です。「いぶき」「しきさい」などのように公募されることも多いです。

しかし同じJAXAの人工衛星でも、科学衛星（宇宙科学研究所ISAS担当の衛星）の場合は、愛称の扱いが若干異なるようです。

科学衛星の場合、開発時の名称「SOLAR-A」（太陽観測衛星）や「ASTRO-EⅡ」（X線天文衛星）等は打ち上げ前までで、打ち上げ成功と同時に愛称の「ひので」「すざく」等に名前が変わります。英文の論文も衛星名はHINODE、SUZAKUで書かれており、科学衛星の愛称は、打ち上げ後は本名になるようです。

海外の衛星では愛称は少なく、ハッブル宇宙望遠鏡（Hubble Space Telescope、1990-037B）、国際宇宙ステーションISS（International Space Station、1998-067A）はいずれも正式名称です。気象衛星NOAA 18（National Oceanic and Atmospheric Administration、2005-018A）は、開発時の名称はNOAA-Nで、打ち上げ後はNOAA-18に改名されています。

[人工惑星の場合]

「○○探査機」などの人工惑星の名前の付け方は、だいたいは科学衛星と同じですが、個別に少しづつ違いがあります。

日本の小惑星探査機「はやぶさ」は、打ち上げまでは開発時の名称「MUSES-C」で、2003年の打ち上げ後は愛称の

「はやぶさ」に名前が変わっています。国際標識番号は2003-019A、NORAD IDは27809になります。金星探査機「あかつき」(PLANET-C) や火星探査機「のぞみ」(PLANET-B) も同様です。しかし月探査機「かぐや」は、開発時の名称「SELENE」が打ち上げ後も「かぐや」とともに使用されています。また、小型ソーラー電力セイル実証機「IKAROS (イカロス)」は、開発時の名称が打ち上げ後もそのまま使用されています。

　海外の探査機では、2006年打ち上げのアメリカの太陽系外縁探査機「ニュー・ホライズンズ (New Horizons)」(2006-001A)、2011年打ち上げの木星探査機「ジュノー (Juno)」(2011-040A) などは打ち上げ前に命名されており、正式名称です。一方、2013年に打ち上げられ、翌年に火星周回軌道に入ったインドの火星探査機「マンガルヤーン (Mangalyaan)」は、正式名称がMars Orbiter Mission (2013-060A) で、マンガルヤーンは愛称になります。マンガルヤーンはサンスクリット語で「火星 (マンガル) の乗り物 (ヤーン)」という意味です。

索引

●恒星の固有名、星団名等

（日本語）

ア行

アクベンス ……………… 49
アクルックス ……………165
アケルナル ………………163
アティク …………………105
アリオト …………………… 32
アルカイド ………………… 34
アルカブ …………………… 69
アルキバ …………………… 52
アルギエバ ………………… 47
アルクトゥールス ……… 38
アルケス …………………… 53
アルゲディ ………………119
アルゲニブ ………………109
アルコル …………………… 36
アルゴル …………………106
アルタイル ………………… 76
アルデバラン ……………127
アルデラミン ……………… 97
アルナスル ………………… 69
アルニタク ………………141
アルニヤト ………………… 63
アルニラム ………………141
アルビレオ ………………… 79
アルファード
　（アルファルド）……… 51
アルフィルク ……………… 96
アルフェッカ ……………… 40
アルフェラッツ …………… 99
アルマク …………………101

アルレシャ ………………114
アンタレス ………………… 62
アンドロメダ銀河……… 99
エライ ……………………… 96
エルタニン ………………… 87
オリオン大星雲…………143

カ行

カーフ ……………………… 94
ガクルックス ……………166
カストル …………………156
カノープス ………………160
カペラ ……………………131
コカブ ……………………… 23
コル・カロリ ……………… 41
ゴメイサ …………………152

サ行

サイフ ……………………140
サダルスウド ……………117
サダルメリク ……………117
シェアト …………………109
シェラタン ………………115
シェリアク ………………… 75
シャウラ …………………… 66
シリウス …………………146
スアロキン ………………… 81
スピカ ……………………… 42
スラファト ………………… 75
ズベンエスシャマリ …… 68
ズベンエルゲヌビ……… 67
ゾスマ ……………………… 48

タ行

ダビー ……………………118
チェキア …………………… 4

デネブ ………………… 19, 78
デネボラ …………………… 46
トゥバーン ………………… 86
ドゥーベ …………………… 28

ナ行

ヌンキ ……………………… 70

ハ行

ハダル ……………………171
ハマル ……………………115
ハミディムラ ……………… 64
バイカウハレ ……………… 63
ヒアデス星団…… 127, 129
ビビリマ …………………… 64
フェクダ …………………… 30
フォーマルハウト………111
プレアデス星団… 105, 122
プレセペ星団……………… 50
プロキオン ………………151
プロクシマ・ケンタウリ
　……………………………170
ヴェガ ……………………… 73
ベテルギウス ……………135
ベラトリクス ……………139
ポラリス …………………… 16
ポルックス ………………156

マ行

マルカブ …………………109
ミザール …………………… 32
ミモザ ……………………167
ミラ ………………………112
ミラク ……………………114
ミルザム …………………149
ミルファク ………………105

214

ミンタカ	141	Almach	101	Kochab	23
メグレズ	31	Alnasl	69	Lesath	66
メサルティム	116	Alnilam	141	M31	99
メラク	29	Alnitak	141	M42	143
メンキブ	105	Alniyat	63	M44	50
		Alphard	51	M45	122
ラ行		Alphecca	40	Markab	109
ラスアルゲティ	84	Alpheratz	99	Megrez	31
ラスアルハゲ	83	Alrescha	114	Menkib	105
ラスタバン	87	Altair	76	Merak	29
リギル・ケンタウルス		Antares	62	Mesarthim	116
（リギル・ケント）	169	Arcturus	38	Mimosa	167
リゲル	138	Arkab	69	Mintaka	141
ルクバット	69	Atik	105	Mira	112
レグルス	44	Bellatrix	139	Mirach	114
レサト	66	Betelgeuse	135	Mirfak	105
ロタネブ	81	Canopus	160	Mirzam	149
		Capella	131	Mizar	32
（英字）		Caph	94	Nunki	70
A－D		Castor	156		
Achernar	163	Chechia	4	**O－U**	
Acrux	165	Cor Caroli	41	Paikauhale	64
Acubens	49	Dabih	118	Phecda	30
Albireo	79	Deneb	19, 78	Pipirima	64
Alchiba	52	Dnebola	46	Pleiades	122
Alcor	36	Dubhe	28	Polaris	16
Aldebaran	127	Eltanin	87	Pollux	156
Alderamin	97	Errai	96	Praesepe	50
Alfirk	96	Fomalhaut	111	Procyon	151
Algedi	119	Gcrux	166	Proxima Centauri	170
Algenib	109	Gomeisa	152	Rasalgethi	84
Algieba	47			Rasalhague	83
Algol	106	**H－N**		Rastaban	87
Alioth	32	Hadar	171	Regulus	44
Alkaid	34	Hamal	115	Rigel	138
Alkes	53	Hyades	127		

Rigil Kentaurus
(Rigil Kent) ……169
Rotanev ……………… 81
Rukbat ……………… 69
Sadalmelik ………117
Sadalsuud ………117
Saiph ………………140
Scheat ……………109
Shaula ……………… 66
Sheliak ……………… 75
Sheratan …………115
Sirius………………146
Spica ……………… 42
Sualocin ………… 81
Sulafat …………… 75
Thuban……………… 86

V−Z
Vega ……………… 73
Xamidimura ………… 64
Zosma ……………… 48
Zubenelgenubi ………… 67
Zubeneschamali ……… 68

●星座・バイエル符号等
アンドロメダ座
α（アルファ）星 …… 99
β（ベータ）星 …………114
γ（ガンマ）星 …………101
M31 ……………… 99

いて座（射手座）
α（アルファ）星 ……… 69
β（ベータ）星 ……… 69
γ²（ガンマ2）星 ……… 69

σ（シグマ）星 ………… 70

いるか座（海豚座）
α（アルファ）星 …… 81
β（ベータ）星 …… 81

うお座（魚座）
α（アルファ）星 ………114

うしかい座（牛飼座）
α（アルファ）星 ……… 38

うみへび座（海蛇座）
α（アルファ）星 ……… 51

エリダヌス座
α（アルファ）星 ………163

おうし座（牡牛座）
α（アルファ）星 ……127
M45 ……………… 105,122

おおいぬ座（大犬座）
α（アルファ）星 ………146
β（ベータ）星 ………149

おおぐま座（大熊座）
α（アルファ）星 ……… 28
β（ベータ）星 ……… 29
γ（ガンマ）星 ……… 30
δ（デルタ）星 ……… 31
ε（イプシロン）星 …… 32
ζ（ツェータ）星 ……… 32
η（イータ）星 ……… 34
80番星 ……………… 36

おとめ座（乙女座）
α（アルファ）星 ……… 42

おひつじ座（牡羊座）
α（アルファ）星 ………115
β（ベータ）星 …………115
γ（ガンマ）星 …………116

オリオン座
α（アルファ）星 ………135
β（ベータ）星 ………138
γ（ガンマ）星 ………139
δ（デルタ）星 ………141
ε（イプシロン）星 ……141
ζ（ツェータ）星 ………141
κ（カッパ）星 …………140
M42 ………………143

カシオペヤ座
β（ベータ）星 ………… 94

かに座（蟹座）
α（アルファ）星 …… 49
M44 ……………… 50

からす座（烏座）
α（アルファ）星 ……… 52

かんむり座（冠座）
α（アルファ）星 ……… 40

ぎょしゃ座（馭者座）
α（アルファ）星 ………131

くじら座（鯨座）
o（オミクロン）星 ……112

216

ケフェウス座

α（アルファ）星 ……… 97

β（ベータ）星 ………… 96

δ（デルタ）星 ………… 97

η（イータ）星 ……… 96

ケンタウルス座

α（アルファ）星A ……169

α星C ………………………170

β（ベータ）星 …………171

こいぬ座（子犬座）

α（アルファ）星 ……151

β（ベータ）星 …………152

こぐま座（小熊座）

α（アルファ）星 ……… 16

β（ベータ）星 ……… 23

コップ座

α（アルファ）星 ……… 53

こと座（琴座）

α（アルファ）星 ……… 73

β（ベータ）星 ……… 75

γ（ガンマ）星 ……… 75

さそり座（蠍座）

α（アルファ）星 ……… 62

λ（ラムダ）星 ………… 66

μ（ミュー）星 ………… 64

σ（シグマ）星 ……… 63

τ（タウ）星 ……… 63

υ（ウプシロン）星 …… 66

しし座（獅子座）

α（アルファ）星 ……… 44

β（ベータ）星 ……… 46

γ¹（ガンマ1）星 ……… 47

δ（デルタ）星 ……… 48

てんびん座（天秤座）

α²（アルファ2）星 …… 67

β（ベータ）星 ……… 68

はくちょう座（白鳥座）

α（アルファ）星 ……… 78

β¹（ベータ1）星 ……… 79

ふたご座（双子座）

α（アルファ）星 ……156

β（ベータ）星 ……156

ペガスス座

α（アルファ）星 ……109

β（ベータ）星 ……109

γ（ガンマ）星 ……109

へびつかい座（蛇遣座）

α（アルファ）星 ……… 83

ヘルクルス座

α¹（アルファ1）星 …… 84

M13 ……………………… 84

ペルセウス座

α（アルファ）星 ……105

β（ベータ）星 ……106

ξ（クシー）星 ……105

o（オミクロン）星 ……105

みずがめ座（水瓶座）

α（アルファ）星 ……117

β（ベータ）星 …………117

みなみじゅうじ座（南十字座）

α（アルファ）星 ……165

β（ベータ）星 ……167

γ（ガンマ）星 …………166

みなみのうお座（南魚座）

α（アルファ）星 ………111

やぎ座（山羊座）

α（アルファ）星 ……118

β¹（ベータ1）星 ……118

りゅう座（竜座）

α（アルファ）星 ……… 86

β（ベータ）星 ………… 87

γ（ガンマ）星 ……… 87

りゅうこつ座（竜骨座）

α（アルファ）星 ……160

りょうけん座（猟犬座）

α²（アルファ2）星 …… 41

わし座（鷲座）

α（アルファ）星 ……… 76

HD192699 ……………………… 4

●その他

（日本語）

あ行

秋の四辺形 ……………… 99

217

アタルヴァ・ヴェーダ… 55
アッ・スーフィ ····· 10, 88
アディブ ············· 87
アポロドーロス··········108
アメリカ航空宇宙局 …205
アラトス ········ 9, 97, 175
アルゴ（船）座… 160, 174
アルフォンソ天文表 … 80
アルマゲスト ····· 9, 12, 88
暗黒星雲 ········ 168, 173
アンドロメダの岩········103
イリアス ······98, 108, 135
陰陽道 ········ 20, 26, 37
宇宙開発事業団··········210
宇宙科学研究所 … 210, 212
宇宙航空研究開発機構…210
ウラノグラフィア········134
ウラノメトリア············5
欧州宇宙機関············205
オデュッセイア····98, 135
親銀河 ··············172
オリオン（座）のベルト
　　············143

か行

角距離 ············· 36
カッチャトーレ ······ 82
干宝 ············· 72
記紀 ·············125
キトラ古墳 ············ 59
キノスラ ······· 16, 19
キャッツアイ··········· 66
きよしちょう座
　（巨嘴鳥座）···········172
距星 ············· 54
クレーター ····· 53, 185

ケートゥ（計都）········198
ケトス ········ 112, 113
ケレス ············· 82
ゲンマ ············· 40
恒星 ············· 2, 170
航空宇宙技術研究所 …210
黄道 ············· 19, 115
黄道十二宮 ····· 56, 115
黄道星座 ········ 49, 57
コールサック ····· 168, 173
国際天文学連合·············3
小三つ星（オリオン座）…143

さ行

歳差運動 ············· 19
歳星紀年法 ············190
散開星団 ········ 50, 129
散光星雲 ············143
詩経 ············· 26
仕事と日 ············· 38
渋川春海 ············· 56
周期彗星 ············203
主系列星 ············170
春分点 ········ 56, 115
準惑星 ········ 82, 182
小天体命名ワーキング
　グループ ············208
小北斗七星 ············· 23
小惑星 ······82, 206, 209
食変光星（食連星）······106
シラー ············100
晋書・天文志 ············147
スキラクス ············103
宿曜道 ············· 37
ストラボン ············103
スラーヤ ············123

すばる ············· 122, 125
星間雲 ············143
星座の書 ······· 10, 88, 173
星宿 ············· 54
清少納言 ············125
星名ワーキンググループ … 3
赤色矮星 ············170
セファイド ············· 97
捜神記 ············· 72

た行

大気減光 ············160
多重星 ············· 5
地球型惑星 ············170
チャールズの心臓········ 41
地理誌 ············103
中右記 ············· 37
ティシュトリヤ… 147, 150
デイモス ············189
デネブ（デネボラ）····· 46
天の赤道 ············· 54
天の南極 ············174
天の北極 ······· 16, 19
ドゥール ············· 48
とも座（艫座）… 160, 175

な行

南極星 ············173
南斗六星 ············· 71
二重星 ········ 5, 33
二十七宿 ············· 54
二十八宿 ········ 54, 71
日周運動 ············· 16

は行

はちぶんぎ座（八分儀座）

················173
バルチウス ················165
ハレー ···············41, 202
パレルモ星表 ············82
伴銀河 ·················172
ピアッツィ ················82
ピガフェッタ ············172
ヒッパルコス ················9
ヒッパルコスカタログ ···7
ファイノメナ ·····9, 175
ファルネーゼのアトラス
················106
フォボス ················189
不思議な星の歴史·······112
藤原宗忠 ·················37
プトレマイオス········9, 12
冬の大三角形·············151
ブライトスターカタログ···7
ペガススの四辺形···99, 109
ペクルックス ···········167
ヘシオドス ···38, 98, 185
ベネトナーシュ···········34
ヘヴェリウス ···········112
ベリブルス ················103
ヴェルギリウス···········129
ヘンリー・ドレイパー
カタログ ··············7
ボーデ ···········134, 194
ほ座（帆座）······160, 175
北斗七星 ········26, 37, 71
北米航空宇宙防衛司令部
··········211
星めぐりの歌 ·············62
北極星 ···············16, 19
ホメロス ······98, 108, 135
ホロスコープ古星術 ···198

ま行

マインツの天球儀·······133
枕草子 ·················125
マゼラン ················172
万葉集 ·················125
三つ星（オリオン座）
··········135, 141, 143
南十字星 ················165
脈動変光星 ···············97
宮沢賢治 ·················62
宮本常一 ·················43
ムル・アピン ················8
名婦列伝 ·········98, 104
木星型惑星 ···············170

や行

ユダヤ戦記 ················103
ユダヤ暦 ················196
ヨセフス ················103

ら行

ラーフ（羅睺）··········198
らしんばん座（羅針盤座）
··········160, 175, 177
ラカイユ ················177
ラテン語 ··················2
連星 ···········33, 67, 106

わ行

惑星 ···········2, 170, 182
惑星系命名法についての
ワーキンググループ···186
惑星時間 ················197
和名 ·················4, 59

（英字）

A－W

Adib ·················87
Becrux ················167
Benetnasch················34
Big Dipper ··············26
crater, Crater ··········53
Cynosura··············16, 19
Deimos ················189
Duhr ·················48
ESA ·················205
Gemma·················40
HD, HIP, HR ···········7
IAU ····3, 186, 191, 208
ISAS ·················210
JAXA ················210
Milk Dipper ············71
Milky Way ·············71
NAL ·················210
NameExoWorlds ··········4
NASA ················205
NASDA ················210
NORAD ID················211
Phobos ················189
Seven Sisters················122
Sirrah ················100
thuraya·················123
WGPSN ·········186, 191
WGSBN ················208
WGSN ··················3

参考文献

●日本語文献

1. アラトス他著、伊藤照夫訳『ギリシア教訓叙事詩集』京都大学学術出版会、2007年
2. 飯島忠夫『堯典の四中星について』東洋学報、1930年
3. オウィディウス著、田中秀央・前田敬作訳『転身物語』人文書院、1966年
4. 大崎正次『中国の星座の歴史』雄山閣、1987年
5. 大林太良『銀河の神虹の架け橋』小学館、1999年
6. 岡田恵美子『ペルシアの神話 一光と闇のたたかい』筑摩書房、1982年
7. 海部宣男監修、栩田紀子・川本光子訳『アジアの星物語 東アジア・太平洋地域の星と宇宙の神話・伝説』アジアの星プロジェクト、万葉社、2014年
8. 北尾浩一『日本の星名事典』原書房、2018年
9. 君島久子『日本民間伝承の源流 一日本基層文化の探求』小学館、1989年
10. 高津春繁『ギリシャ・ローマ神話辞典』岩波書店、1960年
11. 近藤二郎『星の名前のはじまり』誠文堂新光社、2012年
12. 岡安君枝『平安時代に於ける陰陽道の星祭について』法政史学11、1958年
13. 菅原信海『中世神道と北斗信仰』中世文学44巻、1999年
14. 陳力『中国古代の都城と「北」という概念 一文化的テキストと文化的実践の差異から、中国の古代都市文化の一視角を探って一』阪南論集（人文・自然科学編／社会科学編）57巻、2021年
15. 澤田容子『アルダナーリーシュヴァラ研究 一プラーナ聖典における創造神話の構造分析一』東洋大学、2017年
16. 菅沼晃『インド神話伝説辞典』東京堂出版、1985年
17. 杉本妙子『七夕伝説の比較文化 一中国、日本、韓国朝鮮、ベトナムの比較一』茨城大学人文学部紀要№19、2007年
18. 末岡外美夫『アイヌの星』旭川叢書第12巻、1979年
19. 田澤恵子『古代エジプトにおける神・人・神話Gods, People and Myths in Ancient Egypt"エジプト学セミナー、2017年
20. 田村宗英『Mārīcī（摩利支天）についての一考察』智山学報67巻、2018年
21. 徳永ひとみ『アラートス研究 一教訓叙事詩に見る自然科学と倫理思想一』古典古代学9巻、2017年
22. 中島和歌子『『江談抄』『中外抄』の宿曜の信仰』札幌国語研究23、2018年
23. 二宮公太郎『研究ノート：アボリジニの神話伝承』地域環境に関する歴史的・文化的・社会的研究、2007年
24. 野尻抱影『日本星名辞典』東京堂出版、1973年
25. 橋本敬造『先秦時代の星座と天文観測』東方學報53、1981年
26. 橋本敬造『中国占星術の世界』東方書店、1993年
27. ジョン・R・ヒネルズ著、井本英一・奥西峻介訳『ペルシア神話』青土社、1993年
28. キム・ヒョンチョル『「七夕」について 一「七夕」伝承の受容と変容の諸相一』東アジア研究、1994年
29. プトレマイオス著、薮内清訳『アルマゲスト』恒星社、1993年
30. ヘシオドス著、中務哲郎訳『ヘシオドス 全作品』京都大学学術出版会、2013年
31. 原恵『星座の神話 一星座史と星名の意味一』恒星社厚生閣、1996年
32. アル・ビールーニー著、山本啓二・矢野道雄翻訳『占星術教程の書 (1)』イスラーム世界研究第3巻2号、2010年
33. 山田尚子『狼という星』成城大学創立100周年記念号、2017年
34. 矢野道雄『密教占星術 一宿曜道とインド占星術一』東京美術、1986年
35. 矢野道雄『占星術師たちのインド』中公新書、1992年
36. 山里純一『琉球諸島の民話と星』人間科学＝Human Science、2014年

参考文献

37. 楊静芳『中日七夕伝説における天の川の生成に関する比較研究』学校教育学研究論集25、東京学芸大学、2012年
38. 武田和昭『東寺宝菩提院旧蔵星曼荼羅残闕について』仏教文化1993巻183号、1993年
39. 小林登志子『古代オリエントの神々 ―文明の興亡と宗教の起源』中公新書、2019年
40. 後藤敏文『古代インド文献にみる天空地』天空の神話 ―風と鳥と星（篠田知和基篇）、楽瑯書院、2009年

●外国語文献

1. Danielle Adams "Whose stars? Our heritage of Arabian astronomy" The Planetary Society, 2018
2. Richard Hinckley Allen "Star-Names and Their Meanings" G.E. Stechert, 1899
3. Johannes Carl Andersen "Myths and Legends of the Polynesians" Tuttle, 1986
4. Mic Munya Andrews "The Seven Sisters of the Pleiades" Spinifex Press, 2004
5. Clinton Bailey "Bedouin Star-Lore In Sinai And The Negev" Bulletin of the School of Oriental and African Studies, 1974
6. Herman E. Bender "Northern Plains and Woodland Indians Individual Star Names and Traditions" The Hanwakan Center for the Study of Prehistoric Astronomy, 2020
7. Elsdon Best "The Astronomical Knowledge of The Maori, Genuine And Empirical" Dominion Museum, Victoria University, 1922
8. E. L Brown "The Origin of the Constellation Name "Cynosura"" Orientalia, 1981
9. Sonja Brentjes "The Stars in the Sky and on the Globe: ʿAbd al-Raḥmān ibn ʿUmar al-Ṣūfī's Visualization of the Heavens" Aestimatio Sources and Studies in the History of Science, Vo.2, 2021
10. Anna Contadini "A Question in Arab Painting: The Ibn Al-Sufi Manuscript in Tehran and Its Art-Historical Connections" Muqarnas, 2006, Vol. 23
11. Theony Condos "Star Myths of the Greeks and Romans: A Sourcebook" Phanes Press, 1997
12. Clara Lacerda Crepaldi1 "The Fragments of Euripides' Andromeda" NÚM. Especial, 2016
13. J.E. Curtis, H. McCall, D. Collon and L. al-Gailani Werr "New Light On Nimrud: Proceedings of the Nimrud Conference 11th–13th March 2002" the British School of Archaeology in Iraq and the British Museum
14. Michael Dennefeld "A History of the Magellanic Clouds and the European Exploration of the Southern Hemisphere" Institut d'Astrophysique de Paris, 2009
15. Hanif Ghalandari, Hassan Amini "Kharaqī's Star Catalogue: A Star table from Medieval Arabic Astronomy" Tarikh-e Elm, Vol. 20, 2022
16. Ihsan Hafez "Abd al-Rahman al-Sufi and his book of the fixed stars: a journey of re-discovery" James Cook University, 2010
17. Pauline Harris, et.al "A review of Māori astronomy in Aotearoa-New Zealand" Journal of Astronomical History and Heritage, 2013
18. Hermann Hunger, David Pingree "Astral Science in Mesopotamia" Brill, 1999 ☆
19. Hermann Hunger, John Steele "The Babylonian Astronomical Compendium MUL. APIN" Routledge, 2018
20. H.L. Hunt "The Constellation 'Crucis Australis'" Journal of the British Astronomical Association, Vol. 82, 1972
21. Ted Kaizer, "Interpretations of the myth of Andromeda at Iope" Syria Archéologie, art et histoire 88, 2011
22. Kechagious, S. M. Hoffman "Intercultural Misunderstandings as a possible Source of Ancient Constellations" Astronomy in Culture, 2022

221

23. Sharon Khalifa-Gueta "Medusa Must Die! The Virgin and the Defiled in Greco-Roman Medusa and Andromeda Myths" Athens Journal of Mediterranean Studies Vol.7, 2021

24. Paul Kunitzsch, Tim Smart "A Dictionary of Modern Star Names" Sky Publishing Co. 1986

25. Nicolas Louis de La Caille "A catalogue of 9766 stars in the southern hemisphere, for the beginning of the year 1750, from the observations of the Abbe de Lacaille made at the Cape of Good Hope in the years 1751 and 1752" R. and J.E. Taylor, 1847

26. Robert W. Lebling "Arabic in the Sky" Saudi Aramco World, 2010

27. José Lull "Ancient Egyptian constellation of WjA (Boat) and its link to Sagittarius in the Ptolemaic and Roman era" Aula Orientalis 36/2, 2018

28. Michael W. Miller "The Mediterranean Ethiopian: Intellectual Discourse And The Fixity Of Myth I n Classical Antiquity" 2010

29. Martha H. Noyes "Polynesian Star Catalog: Revised" Hawaii, 2014

30. Daniel Ogden "Perseus" Routledge, 2008

31. Antonio Panaino "Tištrya. Part II: The Iranian myth of the star Sirius." Serie Orientale Roma LXVIII, 1995

32. Thaariq Ahmad Rafiq "The Origin of Arabic Star Names With Maps" Kindle Scribes, 2021

33. Emilie Savage-Smith "Celestial Mapping" History of Cartography, Univ of Chicago Press, 1992

34. W.F.Sullivan "Quechua Star Names" University of St. Andrews, 1979

35. William Tyler Olcott "Star Lore: Myths, Legends, and Facts" G.P.Putnam's Sons, Dover, 1911

36. Alfred M. Tozzler "A Note on Star-Lore Among the Navajos" The Journal of American Folklore 1908

37. Flora Vafea "Sirius' (al-'Abūr) proper motion as recorded in the Arabic Star Mythology", in The Materiality of the Sky - proceedings of SEAC 2014 – Malta, Sophia Centre Press, 2016

38. Ray A Williamson "They Dance in the Sky: Native American Star Myths" Young Readers Paperback, 2007

39. Emmy Wellesz "An Early al-Ṣūfī Manuscript in the Bodleian Library in Oxford: A Study in Islamic Constellation Images" Ars Orientalis, 1959, Vol. 3 (1959)

40. Hëmi Whaanga, Pauline Harris, Rangi Matamua "The science and practice of Mäori astronomy and Matariki" New Zealand Science Review Vol. 76, 2020

41. Enn Kasak, Raul Veede, "Understanding Planets in Ancient Mesopotamia" Folklore Vol.16, Estonia, 2001

42. Robert Jonathan Taylor, "An Analysis of Celestial Omina in the Light of Mesopotamian Cosmology and Mythos" Vanderbilt University, 2006

43. Joshua J. Mark, "The Mesopotamian Pantheon" Ancient History Encyclopedia, 2011

44. Frans A.M. Wiggermann, "The Mesopotamian Pandemonium, A Provisional Census" Studi e materiali di storia delle religioni, 2011

45. Gerd J.R. Mevissen, "Independent Sculptures of Single Planetary Deities From Eastern India: Problems Of Identification" Journal of Bengal Art, Vol. 16, 2011

46. D.M. Varisco "The Origin of the anwa' in Arab Tradition" Studia islamica, 1991

47. H.Y. Zinchenko "The Origins Behind English Weekday Names" Kyiv National Linguistic University, 2022 / I. Bultrighini, S.Stern "The Seven-Day Week in the Roman Empire-Origins, Standardization, and Diffusion" Calendar in the Making, 2021

参考文献

●ウェブサイト
1. Kristen Lippincott "The SAXL Project" (https://www.thesaxlproject.com/)
2. Danielle Adams "Arabic Star Catalogue" from "Two Deserts One Sky project" (http://onesky.arizona.edu/)
3. IAU Division C Working Group on Star Names (https://www.iau.org/science/scientific_bodies/working_groups/280/)
4. IAU Executive Committee WG Planetary System Nomenclature (WGPSN) (https://www.iau.org/science/scientific_bodies/working_groups/)
5. Jet Propulsion Laboratory Solar System Dynamics (https://ssd.jpl.nasa.gov/)
6. JAXA (宇宙航空研究開発機構) (https://www.jaxa.jp/)
7. 国立天文台・新天体関連情報 (https://www.nao.ac.jp/new-info/index.html)

223

〈著者略歴〉

出雲晶子（いずも　あきこ）

1962年東京都田無市（現・西東京市）生まれ。神奈川県茅ヶ崎市で育ち、東京学芸大学教育学部理科地学科卒業後、（財）横浜市青少年科学普及協会（当時）に就職、横浜こども科学館のプラネタリウム、広報、科学工作教室を担当。2008年に退職。現在はフリーで活動。
著書に、『星の文化史事典』（白水社）、『小学館の図鑑・NEO　星・星座』（共著、小学館）、『あの星はなにに見える？』（〈地球のカタチ〉シリーズ、白水社）、『ビジュアルディクショナリー　宇宙』（日本語版監修、同朋舎）、『星座を見つける』（はじめての天文シリーズ、Gakken）などがある。

フタツキ

東京都在住。2017年から展示会やイベントを中心に水彩作家・イラストレーターとして活動中。青や宇宙が好き。
ポートフォリオサイト　https://www.futa-tsuki.com

- 本書の内容に関する質問は、オーム社ホームページの「サポート」から、「お問合せ」の「書籍に関するお問合せ」をご参照いただくか、または書状にてオーム社編集局宛にお願いします。お受けできる質問は本書で紹介した内容に限らせていただきます。なお、電話での質問にはお答えできませんので、あらかじめご了承ください。
- 万一、落丁・乱丁の場合は、送料当社負担でお取替えいたします。当社販売課宛にお送りください。
- 本書の一部の複写複製を希望される場合は、本書扉裏を参照してください。

JCOPY ＜出版者著作権管理機構 委託出版物＞

星に名前をつけるなら

2024年 9 月 25 日　　第 1 版第 1 刷発行

著　　者	出 雲 晶 子
絵	フタツキ
発 行 者	村 上 和 夫
発 行 所	株式会社 オーム社
	郵便番号　101-8460
	東京都千代田区神田錦町 3-1
	電話　03(3233)0641(代表)
	URL　https://www.ohmsha.co.jp/

© 出雲晶子・フタツキ 2024

印刷・製本　壮光舎印刷
ISBN978-4-274-23237-4　Printed in Japan

本書の感想募集　https://www.ohmsha.co.jp/kansou/

本書をお読みになった感想を上記サイトまでお寄せください。
お寄せいただいた方には、抽選でプレゼントを差し上げます。

名前の由来や語源がわかる！ シリーズ第一弾

元素に名前をつけるなら

著 江頭和宏／絵 黒抹茶
定価（本体 2000 円【税別】）
四六判／276 頁

◎定価の変更、品切れが生じる場合もございますので、ご了承ください。
◎書店に商品がない場合または直接ご注文の場合は下記宛にご連絡ください。
TEL.03-3233-0643　FAX.03-3233-3440　https://www.ohmsha.co.jp/